水利水电工程施工技术全书

第五卷 施工导（截）流
与度汛工程

第四册

施工期防洪度汛

孙昌忠 等 编著

中国水利水电出版社
www.waterpub.com.cn

·北京·

内 容 提 要

本书是《水利水电工程施工技术全书》第五卷《施工导（截）流与度汛工程》中的第四分册。本书系统阐述了施工防洪度汛的技术和方法。主要内容包括：综述、防洪度汛方案、防洪度汛施工、抽排水、工程实例等。

本书可作为水利水电工程施工领域的工程技术人员、工程管理人员和高级技术工人的工具书，也可供从事水利水电工程科研、设计、建设及运行管理和相关企事业单位的工程技术、工程管理人员使用，并可作为大专院校水利水电工程专业师生教学参考书。

图书在版编目（CIP）数据

施工期防洪度汛 / 孙昌忠等编著. -- 北京 : 中国水利水电出版社，2019.6
（水利水电工程施工技术全书. 第五卷，施工导（截）流与度汛工程 ; 第四册）
ISBN 978-7-5170-7764-0

Ⅰ．①施… Ⅱ．①孙… Ⅲ．①防洪工程 Ⅳ．①TV87

中国版本图书馆CIP数据核字(2019)第127192号

书　　　名	水利水电工程施工技术全书 **第五卷　施工导（截）流与度汛工程** **第四册　施工期防洪度汛** SHIGONGQI FANGHONG DUXUN
作　　　者	孙昌忠　等 编著
出 版 发 行	中国水利水电出版社 （北京市海淀区玉渊潭南路 1 号 D 座　100038） 网址：www.waterpub.com.cn E - mail：sales@waterpub.com.cn 电话：(010) 68367658（营销中心）
经　　　售	北京科水图书销售中心（零售） 电话：(010) 88383994、63202643、68545874 全国各地新华书店和相关出版物销售网点
排　　　版	中国水利水电出版社微机排版中心
印　　　刷	天津嘉恒印务有限公司
规　　　格	184mm×260mm　16 开本　9 印张　213 千字
版　　　次	2019 年 6 月第 1 版　2019 年 6 月第 1 次印刷
印　　　数	0001—2000 册
定　　　价	**42.00 元**

《水利水电工程施工技术全书》
编审委员会

顾　　问：　潘家铮　中国科学院院士、中国工程院院士
　　　　　　谭靖夷　中国工程院院士
　　　　　　陆佑楣　中国工程院院士
　　　　　　郑守仁　中国工程院院士
　　　　　　马洪琪　中国工程院院士
　　　　　　张超然　中国工程院院士
　　　　　　钟登华　中国工程院院士
　　　　　　缪昌文　中国工程院院士

名誉主任：　范集湘　丁焰章　岳　曦
主　　任：　孙洪水　周厚贵　马青春
副 主 任：　宗敦峰　江小兵　付元初　梅锦煜
委　　员：（以姓氏笔画为序）

丁焰章	马如骐	马青春	马洪琪	王　军	王永平
王亚文	王鹏禹	付元初	吕芝林	朱明星	朱镜芳
向　建	刘永祥	刘灿学	江小兵	汤用泉	孙志禹
孙来成	孙洪水	李友华	李志刚	李丽丽	李虎章
杨　涛	杨成文	肖恩尚	吴光富	吴秀荣	吴国如
吴高见	何小雄	余　英	沈益源	张　晔	张为明
张利荣	张超然	陆佑楣	陈　茂	陈梁年	范集湘
林友汉	和孙文	岳　曦	周　晖	周世明	周厚贵
郑守仁	郑桂斌	宗敦峰	钟彦祥	钟登华	夏可风
郭光文	席　浩	涂怀健	梅锦煜	常焕生	常满祥
焦家训	曾　文	谭靖夷	潘家铮	楚跃先	戴志清
缪昌文	衡富安				

主　　编：　孙洪水　周厚贵　宗敦峰　梅锦煜　付元初　江小兵
审　　定：　谭靖夷　郑守仁　马洪琪　张超然　梅锦煜　付元初
　　　　　　周厚贵　夏可风
策　　划：　周世明　张　晔
秘 书 长：　宗敦峰（兼）
副秘书长：　楚跃先　郭光文　郑桂斌　吴光富　康明华

《水利水电工程施工技术全书》
各卷主（组）编单位和主编（审）人员

卷序	卷名	组编单位	主编单位	主编人	主审人
第一卷	地基与基础工程	中国电力建设集团（股份）有限公司	中国电力建设集团（股份）有限公司 中国水电基础局有限公司 中国葛洲坝集团基础工程有限公司	宗敦峰 肖恩尚 焦家训	谭靖夷 夏可风
第二卷	土石方工程	中国人民武装警察部队水电指挥部	中国人民武装警察部队水电指挥部 中国水利水电第十四工程局有限公司 中国水利水电第五工程局有限公司	梅锦煜 和孙文 吴高见	马洪琪 梅锦煜
第三卷	混凝土工程	中国电力建设集团（股份）有限公司	中国水利水电第四工程局有限公司 中国葛洲坝集团有限公司 中国水利水电第八工程局有限公司	席　浩 戴志清 涂怀健	张超然 周厚贵
第四卷	金属结构制作与机电安装工程	中国能源建设集团（股份）有限公司	中国葛洲坝集团有限公司 中国电力建设集团（股份）有限公司 中国葛洲坝集团机电建设有限公司	江小兵 付元初 张　晔	付元初 杨浩忠
第五卷	施工导（截）流与度汛工程	中国能源建设集团（股份）有限公司	中国能源建设集团（股份）有限公司 中国葛洲坝集团有限公司 中国水利水电第八工程局有限公司	周厚贵 郭光文 涂怀健	郑守仁

《水利水电工程施工技术全书》
第五卷《施工导（截）流与度汛工程》
编委会

《水利水电工程施工技术全书》
第五卷《施工导（截）流与度汛工程》
第四册《施工期防洪度汛》
编写人员名单

主　　编：孙昌忠

审　　稿：吕芝林

编写人员：肖传勇　李友华　覃春安　杜兴发

　　　　　黄　巍　黄家权　路佳欣　宋倩倩

　　　　　孙苗苗　杨富瀛　张新宇

序 一

水利水电工程建设在我国作为一项基础建设事业，已经走过了近百年的历程，这是一条不平凡而又伟大的创业之路。

新中国成立 66 年来，党和国家领导一直高度重视水利水电工程建设，水电在我国已经成为了一种不可替代的清洁能源。我国已经成为世界上水电装机容量第一位的大国，水利水电工程建设不论是规模还是技术水平，都处于国际领先或先进水平，这是几代水利水电工程建设者长期艰苦奋斗所创造出来的。

改革开放以来，特别是进入 21 世纪以后，我国的水利水电工程建设又进入了一个前所未有的高速发展时期。到 2014 年，我国水电总装机容量突破 3 亿 kW，占全国电力装机容量的 23%。发电量也历史性地突破 31 万亿 kW·h。水电作为我国当前重要的可再生能源，为我国能源电力结构调整、温室气体减排和气候环境改善做出了重大贡献。

我国水利水电工程建设在新技术、新工艺、新材料、新设备等方面都取得了突破性的进展，无论是技术、工艺，还是在材料、设备等方面，都取得了令人瞩目的成就，它不仅推动了技术创新市场的活跃和发展，也推动了水利水电工程建设的前进步伐。

为了对当今水利水电工程施工技术进展进行科学的总结，及时形成我国水利水电工程施工技术的自主知识产权和满足水利水电建设事业的工作需要，全国水利水电施工技术信息网组织编撰了《水利水电工程施工技术全书》。该全书编撰历时 5 年，在编撰过程中组织了一大批长期工作在工程建设一线的中青年技术负责人和技术骨干执笔，并得到了有关领导、知名专家的悉心指导和审定，遵循"简明、实用、求新"的编撰原则，立足于满足广大水利水电工程技术人员的实际工作需要，并注重参考和指导价值。该全书内容涵盖了水利水电工程建设地基与基础工程、土石方工程、混凝土工程、金属结构制作与机电安装工程、施工导（截）流与度汛工程等内容的目标任务、原理方法及工程实例，既有理论阐述，又有实例介绍，重点突出，图文并茂，针对性及可操作性强，对今后的水利水电工程建设施工具有重要指导作用。

《水利水电工程施工技术全书》是对水利水电施工技术实践的总结和理论提炼，是一套具有权威性、实用性的大型工具书，为水利水电工程施工"四新"技术成果的推广、应用、继承、创新提供了一个有效载体。为大力推动水利水电技术进步和创新，推进中国水利水电事业又好又快地发展，具有十分重要的现实意义和深远的科技意义。

水利水电工程是人类文明进步的共同成果，是现代社会发展对保障水资源供给和可再生能源供应的基本需求，水利水电工程施工技术在近代水利水电工程建设中起到了重要的推动作用。人类应对全球气候变化的共识之一是低碳减排，尽可能多地利用绿色能源就成为重要选择，太阳能、风能及水能等成为首选，其中水能蕴藏丰富、可再生性、技术成熟、调度灵活等特点成为最优的绿色能源。随着水利水电工程建设与管理技术的不断发展，水利水电工程，特别是一些高坝大库能有效利用自然条件、降低开发运行成本、提高水库综合效能，高坝大库的（高度、库容）记录不断被刷新。特别是随着三峡、拉西瓦、小湾、溪洛渡、锦屏、向家坝等一批大型、特大型水利水电工程相继建成并投入运行，标志着我国水利水电工程技术已跨入世界领先行列。

近年来，我国水利水电工程施工企业积极实施走出去战略，海外市场开拓业绩突出。目前，我国水利水电工程施工企业在亚洲、非洲、南美洲多个国家承建了上百个水利水电工程项目，如尼罗河上的苏丹麦洛维水电站、号称"东南亚三峡工程"的马来西亚巴贡水电站、巨型碾压混凝土坝泰国科隆泰丹水利工程、位居非洲第一水利枢纽工程的埃塞俄比亚泰克泽水电站等，"中国水电"的品牌价值已被全球业内所认可。

《水利水电工程施工技术全书》对我国水利水电施工技术进行了全面阐述。特别是在众多国内外大型水利水电工程成功建设后，我国水利水电工程施工人员创造出一大批新技术、新工法、新经验，对这些内容及时总结并公开出版，与全体水利水电工作者分享，这不仅能促进我国水利水电行业的快速发展，提高水利水电工程施工质量，保障施工安全，规范水利水电施工行业发展，而且有助于我国水利水电行业走进更多国际市场，展示我国水利水电行业的国际形象和实力，提高我国水利水电行业在国际上的影响力。

　　该全书的出版不仅能提高水利水电工程施工的技术水平，而且有助于提高我国水利水电行业在国内、国际上的影响力，我在此向广大水利水电工程建设者、工程技术人员、勘测设计人员和在校的水利水电专业师生推荐此书。

2015 年 4 月 8 日

序 二

《水利水电工程施工技术全书》作为我国水利水电工程技术综合性大型工具书之一，与广大读者见面了！

这是一套非常好的工具书，它也是在《水利水电工程施工手册》基础上的传承、修订和创新。集中介绍了进入 21 世纪以来我国在水利水电施工领域从施工地基与基础工程、土石方工程、混凝土工程、金属结构制作与机电安装工程、施工导（截）流与度汛工程等方面采用的各类创新技术，如信息化技术的运用：在施工过程模拟仿真技术、混凝土温控防裂技术与工艺智能化等关键技术，应用了数字信息技术、施工仿真技术和云计算技术，实现工程施工全过程实时监控，使现代信息技术与传统筑坝施工技术相结合，提高了混凝土施工质量，简化了施工工艺，降低了施工成本，达到了混凝土坝快速施工的目的；再如碾压混凝土技术在国内大规模运用：节省了水泥，降低了能耗，简化了施工工艺，降低了工程造价和成本；还有，在科研、勘察设计和施工一体化方面，数字化设计研究面向设计施工一体化的三维施工总布置、水工结构、钢筋配置、金属结构设计技术，推广复杂结构三维技施设计技术和前期项目三维枢纽设计技术，形成建筑工程信息模型的协同设计能力，推进建筑工程三维数字化设计移交标准工程化应用，也有了长足的进步。因此，在当前形势下，编撰出一部新的水利水电施工技术大型工具书非常必要和及时。

随着水利水电工程施工技术的不断推进，必然会给水利水电施工带来新的发展机遇。同时，也会出现更多值得研究的新课题，相信这些都将对水利水电工程建设事业起到积极的促进作用。该全书是当今反映水利水电工程施工技术最全、最新的系列图书，体现了当前水利水电最先进的施工技术，其中多项工程实例都是曾经创造了水利水电工程的世界纪录。该全书总结的施工技术具有先进性、前瞻性，可读性强。该全书的编者们都是参加过我国大型水利水电工程的建设者，有着非常丰富的各专业施工经验。他们以高度的社会责任感和使命感、饱满的工作热情和扎实的工作作风，大力发展和创新水电科学技术，为推进我国水利水电事业又好又快地发展，做出了新的贡献！

近年来，我国水利水电工程建设快速发展，各类施工技术日臻成熟，相继建成了三峡、龙滩、水布垭等具有代表性的水电工程，又有拉西瓦、小湾、溪洛渡、锦屏、糯扎渡、向家坝等一批大型、特大型水电工程，在施工过程中总结和积累了大量新的施工技术，尤其是混凝土温控防裂的施工方法在三峡水利枢纽工程的成功应用，高寒地区高拱坝冬季施工综合技术在拉西瓦等多座水电站工程中的应用……，其中的多项施工技术获得过国家发明专利，达到了国际领先水平，为今后水利水电工程施工提供了参考与借鉴。

目前，我国水利水电工程施工技术已经走在了世界的前列，该全书的出版，是对我国水利水电工程建设领域的一大贡献，为后续在水利水电开发，例如金沙江上游、长江上游、通天河、黄河上游的水电开发、南水北调西线工程等建设提供借鉴。该全书可作为工具书，为广大工程建设者们提供一个完整的水利水电工程施工理论体系及工程实例，对今后水利水电工程建设具有指导、传承和促进发展的显著作用。

《水利水电工程施工技术全书》的编撰、出版是一项浩繁辛苦的工作，也是一项具有创造性的劳动过程，凝聚了几百位编、审人员近 5 年的辛勤劳动，克服各种困难。值此该全书出版之际，谨向所有为该全书的编撰给予关心、支持以及为此付出了辛勤劳动的领导、专家和同志们表示衷心的感谢！

2015 年 4 月 18 日

前　言

　　由全国水利水电施工技术信息网组织编写的《水利水电工程施工技术全书》第五卷《施工导（截）流与度汛工程》共分为五册，《施工期防洪度汛》为第四册，由中国葛洲坝集团有限公司编撰。

　　防洪度汛是指在汛期采取各种有力措施，确保各类在建及已建构筑物和设施的安全。防洪度汛是水利水电工程施工的重要组成部分，也是影响工程总体进度和工程成败的关键因素之一。

　　本书依托葛洲坝、三峡、溪洛渡、水布垭、隔河岩、乌江渡、高坝洲、丹江口、凤滩、龙羊峡、珊溪、天生桥一级等水电站工程，对施工期防洪度汛技术进行了研究归纳，总结了水利水电工程防洪度汛技术经验，展示了近年来我国在施工期防洪度汛方面的新成果、新思路、新技术和新方法，为水利水电工程施工期安全度汛提供了丰富的设计及施工技术经验。

　　本书共分为五章。主要从综述、防洪度汛方案、防洪度汛施工、抽排水等四个方面进行了详细的阐述，第五章还给出了溪洛渡水电站、水布垭水电站面板坝等工程施工期防洪度汛规划及实施实例。

　　在本书的编写过程中，得到了相关各方的大力支持和密切配合。在此向关心、支持、帮助本书出版的领导、专家及工作人员表示衷心的感谢。

　　由于我们的经验和水平有限，不足之处，欢迎广大读者提出宝贵意见和建议。

作者

2018 年 6 月

目 录

1 综　　述

1.1　防洪度汛概述

水利水电工程施工工期长，一般要经历施工准备期、主体工程施工期、工程完建期等阶段，时间长达数年甚至十多年，施工期间每年汛期会遭遇洪水，甚至会遭遇设计标准洪水或超标准洪水的袭击，防洪度汛贯穿施工全过程。主体工程施工初期由围堰挡水，保护大坝等建筑物施工；随着大坝等挡水建筑物不断升高，一方面其自身抵御洪水的能力在不断提高；另一方面其相应的拦洪库容也在增大，一旦失事，将对工程安全和下游人民生命财产安全带来巨大灾害。

水利水电工程施工期间，需要高度重视防洪度汛。由于施工期洪水变化等因素难以精确预测，国内外施工度汛失事的事件时有发生，一旦发生失事，不仅使部分已建工程被冲坏而前功尽弃，而且将导致推迟发挥效益。根据国内外有关资料，大坝度汛失事的原因有如下几方面：①超标准洪水袭击；②库区大滑坡产生较大涌浪的冲击；③污物或大塌方堵塞泄水建筑物；④施工进度拖后，挡水建筑物未按期达到预定的高程；⑤设计和计算失误；⑥施工质量差，产生裂缝、不均匀沉陷、管涌、流土而导致事故；⑦认识不足或明知有问题而不及时解决；⑧地震或其他因素。

因此，在整个施工期内，无论从保障工程建筑物自身安全和施工进度，还是从由此而带来的对下游的危害性考虑，都必须保证工程安全度汛。

1.1.1　防洪度汛的目的

施工导流与度汛设计要妥善解决工程建设施工全过程中的汛期挡水、泄洪问题，实施对坝址河道水流进行控制，为此，应分析研究工程建设中各汛期度汛特点和相互关系，全面规划、统筹安排，运用风险分析的方法处理洪水与施工的矛盾，务求度汛方案经济合理，安全可靠，确保枢纽工程建设顺利进行。同时在施工阶段，还需根据工程实施情况和已确定的当年度汛洪水标准，制定度汛规划及技术措施（包括度汛标准论证、大坝及泄水建筑物安全鉴定、工程施工组织、水库调度方案、非常泄洪设施、防汛组织、水文气象预报、通信系统、道路运输系统、防汛器材等），以达到以下目的：

（1）确保工程上、下游影响区的人民生命财产安全。在水利水电工程施工期间，一方面库区移民及库区整治的工作还未完全开展，其施工围堰会占用大量的泄洪断面，且无调控手段，其汛期洪水壅高会淹没库区一些生产生活设施，甚至过快的洪水上涨会对库岸边坡稳定造成影响；另一方面由于围堰等临时结构抵抗洪水能力较低，特别是采用土石围堰结构挡水，遇超标准洪水容易造成溃堰，从而形成瞬时较大洪峰，对下游人民生命财产造成危险。因此施工度汛必须要将库区及下游影响区纳入总体度汛规划之中进行统筹安排。

（2）保证工程建筑物安全。施工度汛期间，由围堰及未完建大坝坝体拦洪或围堰及未完建坝体过水，由于围堰的设计洪水标准一般较低，难以承受高标准洪水的冲击，而必要的防护加固可以有效地提高抗洪能力，减少损失。尚处于建设过程之中的永久建筑物，不完全具备过流挡水条件，在洪水的作用下可能会造成损坏，故在编制度汛方案设计时必须保证永久建筑物本身的安全，要结合现阶段的施工技术水平，根据各阶段的进度情况合理确定导流与挡水建物的关系。如对于拱坝应根据进度安排进行导流设计，确定各阶段的封拱灌浆高程；对堆石坝应根据度汛的要求提前填筑临时断面挡水；对其他临时过流的大坝结构在坝基下游未完建的情况下应采取防冲刷保护，确保工程建筑物本身的安全。

（3）减少施工区设备、物资等财产损失。水利水电工程施工规模大，工序多，往往需要在河道中布置大量的施工设备和各种设施，合理规划选择施工设备、工艺，合理进行施工规划布置或提前进行预防躲避可以有效减少财产损失。

（4）减少洪水对施工的干扰和影响，为施工正常进行提供良好的环境。一次大的洪峰难免会对水利水电工程施工造成影响，但通过提前的施工度汛计划安排和施工组织可以将洪水对工程建设的影响降到最小。

1.1.2 防洪度汛主要工作内容

施工导流与度汛贯穿枢纽建筑物建设的全过程，是水利水电工程枢纽总体设计的重要组成部分，是选定枢纽布置、枢纽建筑物型式、导流方式、施工程序的主要因素之一，是枢纽工程施工组织设计的中心环节，是编制总施工组织设计和各年度施工组织设计的主要依据。施工度汛的主要工作内容有：开工前根据设计导流方案编制项目防洪度汛总体规划，每年汛末要编制第二年的年度度汛计划和方案，每年汛前要组织对度汛计划和方案落实情况进行检查和完善，根据实际情况编制应急预案并演练，防洪度汛应做好如下工作：

（1）度汛设计资料的收集与分析。

1）自然特性。地形、地质、水文、气象、冰情及周边人文社会环境等。

2）工程特点。枢纽建筑物布置及组成、型式、主要尺寸和工程量；对施工导流与度汛的要求及控制条件等。

3）施工条件。工程施工工期要求；对外交通条件；施工期通航、供水等要求；当地建筑材料条件；国内外的施工技术水平及可能采用的施工机械设备、企业管理水平等。

4）经济资料。主要材料价格、工程单价，以及招标、发包方式等。

（2）度汛标准及洪水流量的选择。根据《水利水电工程等级划分及洪水标准》（SL 252—2017）、《水利水电工程施工组织设计规范》（SL 303—2004），进行不同施工时段划分的比较与选择，确定导流建筑物等级及导流度汛标准，选择导流时段及设计流量，选定坝体拦洪度汛的洪水流量和频率。

（3）度汛方案的比选。不同的导流度汛方式（河床断流或分期导流等）、方案的拟订，各导流度汛方案规划布置，导流度汛水力学计算及水工模型试验研究，导流度汛建筑物型式、结构尺寸、工程量，各导流度汛方案主体建筑物施工控制性进度，各导流度汛方案施工规划及设计概算，各导流度汛方案的技术经济指标和主要优缺点的分析比较及综合评价。

（4）选定的度汛方案总体设计。确定施工导流程序及编制控制性施工总进度，各期导流规划布置；导流水工模型试验研究，导流泄水建筑物型式的比选，选定的泄水建筑物布置及结构设计，导流水力学计算及调洪演算，泄洪消能防冲设计，泄水建筑物工程量计算；导流挡水建筑物型式的比选，选定的围堰布置及断面结构设计，围堰接头、堰基处理及防渗、防冲设计，围堰工程量计算；导流工程拦洪、排冰设计。

（5）度汛分期方案设计。选定初期围堰、后期大坝拦洪度汛的标准，围堰度汛、大坝施工期未完建坝体临时度汛、导流泄水建筑物封堵后坝体度汛及大坝未完建坝体允许过水度汛应根据有关规范确定不同的洪水标准，提出相应的安全度汛方案及措施，确保安全度汛。

（6）汛期基坑排水设计。包括汛期基坑排水量计算、排水设备的选型及数量配置、基坑排水规划及排水泵站布置。

（7）汛期通航方案设计。施工期通航方案比较，确定设计运量，施工期通航建筑物与永久通航建筑物结合的可行性研究，选定的施工期通航方案形式及布置、建筑物结构尺寸、土建工程量及相应设备型式选择。分析可通航的天数和运输能力，分析可能碍航、断航的时间及其影响，研究解决措施。

（8）度汛泄水建筑物封堵及向下游供水设计。度汛泄水建筑物封堵时段及设计流量选择、封堵方案比选，封堵结构设计，分析研究封堵对水库蓄水及向下游供水的影响，提出向下游供水方式、设施等，分析封堵施工条件，拟定封堵施工进度，提出工程量和所需主要机械设备。

（9）导流挡水建筑物拆除设计。导流挡水建筑物拆除范围及高程的选择，拆除方案比选，拆除爆破对主体建筑物的影响分析研究，拆除施工进度。

（10）导流建筑物施工。导流泄水建筑物施工方案，控制性施工进度，设计概算；导流挡水建筑物施工方案，控制性施工进度，设计概算；导流工程相关的附属建筑物（如施工通航等）及配套项目（如基坑排水等）施工进度及设计概算。

1.2 度汛标准和要求

1.2.1 概述

水利水电工程施工导流及度汛，按施工过程中导流和挡水情况不同，一般分为初期、中期、后期三个阶段（或称为一期、二期、三期），其度汛标准和度汛工程要求以及所采取的措施都各不相同。

（1）初期度汛工程。初期一般为缩窄河床，结合永久结构进行导流建筑物施工，通常优先考虑利用一个枯水期完成施工任务，因此，流量较小的河流度汛一般选择枯水期标准。

1）在分期导流方式中，一般初期围堰按枯水期洪水标准挡水，束窄河床过流。

2）在全断面围堰导流方式中，一般由上、下游围堰挡水，导流明渠、导流隧洞过流，围堰按全年洪水标准设防。

（2）中期度汛工程。中期历时较长，度汛一般选择施工期全年洪水标准。这一时段的导流工程根据不同坝型所采用的形式有很多，规模也较大。

1）分期导流工程度汛。

A. 在有全年施工要求的水利水电枢纽工程施工中，一般采用汛期洪水标准围堰挡水，束窄河床过流以满足全年施工要求。如葛洲坝水利枢纽二期工程及三峡水利枢纽二期工程，石虎塘航电枢纽工程中发电厂房、船闸工程，湘江干流中游土谷塘航电枢纽工程中的船闸、厂房工程等分期导流工程都是在全年挡水围堰内进行施工。

B. 在分期导流施工进入中期和后期工程施工时，采用中期和后期围堰挡水，初期和前期施工的建筑物参与挡水和泄洪。如葛洲坝水利枢纽、三峡水利枢纽、金沙江向家坝水利枢纽、石虎塘航电枢纽、土谷塘航电枢纽等工程的分期导流工程都是中期和后期围堰挡水，初期和前期施工的建筑物参与挡水和泄洪。

C. 在分期导流施工进入中期和后期工程施工时，如果受坝址上游河道防洪标准限制，中期和后期施工围堰挡水不允许超过当地河道防汛高度，中期和后期施工围堰只能是在枯水期采用挡水围堰，在汛期改为过水围堰，已施工的建筑物参与挡水和泄洪。如石虎塘航电枢纽工程二期围堰就是枯水期为挡水围堰，因初期所修建的泄水闸泄洪能力有限，所以将中期围堰在汛期改为过水围堰。中期围堰在围堰填筑到汛期过水高程时，进行围堰过水防冲面板混凝土浇筑，然后围堰继续填筑到枯水期围堰设计高程，以满足枯水期围堰挡水要求。在汛期到来前将汛期过流面以上堰体拆除，就成为汛期过流围堰。汛期由初期修建的泄水闸和中期过水围堰泄洪。

2）一次断流工程度汛。

A. 在一次断流采用导流洞导流度汛时，河床上修建混凝土拱坝的工程，大型工程由于在一个枯水期内大坝很难满足安全度汛高程的要求，一般需要按全年洪水标准设计上游围堰；小型工程在第一个汛期前坝体高度达不到拦洪度汛高度时，应优先利用坝体已形成的泄水底孔泄洪度汛，若无适合的泄水底孔或泄水底孔未形成，可在坝体预留缺口泄洪度汛，也可采用"导流洞＋泄水底孔＋坝体预留缺口"联合度汛。如锦潭一级水电站拱坝施工，在坝体混凝土浇筑的第一个汛期，就是采用右岸导流洞和坝体导流底孔和坝体缺口联合泄洪。

B. 在一次断流采用明渠导流度汛时，河床上修建混凝土重力坝、闸坝工程，汛期工程度汛采用导流明渠、坝体导流底孔导流及坝体挡水度汛。如大渡河龚嘴重力坝、岷江映秀湾泄水闸、资水柘溪大头坝、汉江黄龙滩重力坝等。

C. 在一次断流采用溢洪道导流度汛时，河床上修建土石坝、面板堆石坝工程，一般不允许过水，通常采用按照汛期挡水要求，填筑临时断面满足拦洪要求，随后按照设计要求进行坝体填筑到设计高程。若坝身在汛期前不可能填筑到拦洪高程时，一般可采取降低溢洪道高程或设置临时溢洪道，从而达到坝顶不过水，由导流洞、临时溢洪道泄洪，坝体挡水。因土石坝工程量一般都较大，即使采用临时断面挡水，有时也难达到拦洪高程，需要临时过水。实践证明，只要防护措施得当，土石坝过水是可能的。近年来小型混凝土面板堆石坝较多采用施工期过水保护措施，主要护面护坡措施有大块石、砌石、混凝土块、石笼（铅丝笼、钢丝笼）及钢筋网保护等。

（3）后期度汛工程。后期施工度汛，河床水工建筑物已修建到拦洪高程以上，能够发挥挡水作用。前期施工度汛的围堰已经拆除，进入蓄水完建阶段，度汛一般选择设计洪水标准。

后期施工度汛，一般由河床上修建永久水工建筑物按设计洪水标准进行度汛导流。

1）航电枢纽工程和闸坝枢纽工程，由重力坝、船闸闸门、岸边土坝挡水，泄水闸、发电厂房下泄洪水。如葛洲坝、三峡、向家坝、深溪沟、隔河岩、岩滩、石虎塘、土谷塘等水电站工程。

2）在由土石坝、堆石坝和溢洪道、引水隧洞发电厂等建筑物组成的水电站枢纽工程中，由拦河大坝挡水，溢洪道、引水隧洞、发电厂房下泄洪水。如瀑布沟、水布垭、天生桥一级、小浪底、鲁布革、西溪河中梁等水电站。

3）在大坝采用拱坝、引水隧洞发电厂等建筑物组成水电站工程中，由坝体泄水闸、底孔、引水洞下泄洪水。如溪洛渡、大岗山、锦屏一级、龙滩、小湾、锦潭、二滩、龙羊峡、乌江渡、东江等水电站。

1.2.2 导流建筑物设计洪水标准

导流建筑物设计洪水标准应根据导流建筑物的类型和级别，结合风险度综合分析，在表1-1规定的幅度内选择，使选择标准经济合理。对导流建筑物级别为3级且失事后果严重的工程可结合风险度综合分析选取设计洪水标准，并提出发生超标准洪水时的预案。当枢纽所在河段上游建有水库时，导流设计采用的洪水标准应考虑上游梯级水库的影响及调蓄作用。导流建筑物的级别按表1-2确定。

表1-1 导流建筑物洪水标准划分表

导流建筑物类型	导流建筑物级别		
	Ⅲ	Ⅳ	Ⅴ
	洪水重现期/年		
土石	50～20	20～10	10～5
混凝土	20～10	10～5	5～3

注 1. 河流水文实测资料系列较短（小于20年），或工程处于暴雨中心区；采用新型围堰结构形式；处于关键施工阶段，失事后可能导致严重后果；工程规模、投资和技术难度用上限值与下限值相差不大等情况下方可用上限值。

2. 本表引自《水电水利工程施工导流设计导则》（DL/T 5114—2000）。

1.2.3 过水围堰度汛洪水标准

过水围堰的挡水标准应结合水文特点、施工工期、挡水时段，经技术经济比较后，土石围堰在5～20年一遇、混凝土围堰在3～10年一遇范围内选定。当水文系列大于30年时，也可根据实测流量资料分析选用。

按表1-2确定过水围堰级别，该表中的各项指标系以过水围堰挡水期情况作为衡量依据。

根据过水围堰的级别和表1-1选定围堰过水时的设计洪水标准。当水文系列大于30年时，也可按实测典型年资料分析并通过水力学计算或水工模型试验选用。

1.2.4 坝体施工期临时度汛洪水标准

当坝体筑高到不需围堰保护时，其临时度汛洪水标准应根据坝型及坝前拦洪库容按表1-3的规定执行。

表 1-2 导流建筑物级别划分表

级别	保护对象	失事后果	使用年限	围堰工程规模	
				堰高/m	库容/亿 m³
Ⅲ	有特殊要求的Ⅰ级永久建筑物	淹没重要城镇、工矿企业、交通干线，或推迟工程总工期及第一台（批）机组发电而造成重大灾害和损失	＞3	＞50	＞1.0
Ⅳ	Ⅰ级、Ⅱ级永久建筑物	淹没一般城镇、工矿企业，或影响工程总工期及第一台（批）机组发电而造成较大经济损失	1.5～3	15～50	0.1～1.0
Ⅴ	Ⅲ级、Ⅳ及永久建筑物	淹没基坑，但对总工期及第一台（批）机组发电影响不大，经济损失较小	＜1.5	＜15	＜0.1

注 1. 导流建筑物包括挡水和泄水建筑物，两者级别相同。
 2. 表列指标均按导流阶段（分期）划分。
 3. 有、无特殊要求的永久建筑物系针对施工期而言，有特殊要求的Ⅰ级永久建筑物系指施工期不允许过水的土坝及其他有特殊要求的永久建筑物。
 4. 使用年限系指导流建筑物每一导流阶段（分期）的工作年限，两个或两个以上施工阶段共用的导流建筑物，如分期导流一期、二期共用的纵向围堰，其使用年限不能叠加计算。
 5. 围堰工程规模一栏中，堰高指挡水围堰最大高度，库容指堰前设计水位所拦蓄的水量，两者必须同时满足。
 6. 确定导流级别的因素复杂，当按上述各条规定所确定的级别不合理时，可根据工程具备条件和施工导流阶段的不同要求，经过充分论证，予以提高或降低。
 7. 本表引自《水电水利工程施工导流设计导则》（DL/T 5114—2000）。

表 1-3 坝体施工临时度汛洪水标准表

大坝类型	拦洪库容/亿 m³		
	＞1.0	1.0～0.1	＜0.1
	洪水重现期/年		
土石坝	＞100	100～50	50～20
混凝土	＞50	50～20	20～10

注 本表引自《水电水利工程施工导流设计导则》（DL/T 5114—2000）。

1.2.5 坝体度汛洪水标准

导流泄水建筑物封堵后，如永久泄水建筑物尚未具备设计泄洪能力，坝体初期度汛洪水标准应在分析坝体施工和运行要求后按表 1-4 规定执行。汛前坝体上升高度应满足拦洪要求，帷幕灌浆及接缝灌浆高程应能满足蓄水要求。

表 1-4 导流泄水建筑物封堵后坝体度汛洪水标准表

大坝类型		大坝级别		
		Ⅰ	Ⅱ	Ⅲ
		洪水重现期/年		
混凝土坝	设计	200～100	100～50	50～20
	校核	500～200	200～100	100～50
土石坝	设计	500～200	200～100	100～50
	校核	1000～500	500～200	200～100

注 本表引自《水利水电工程施工组织设计规范》（SDJ 338—89）。

1.3 防洪度汛技术进展

1.3.1 洪峰预报的准确性提高

洪水预报是指根据洪水形成和运动的规律，利用过去和实时水文气象资料，对未来一定时段的洪水发展情况的预测。洪水预报是防洪非工程措施的重要内容之一，直接为防汛抢险、水资源合理利用与保护、水利工程建设和调度运用管理，以及工农业的安全生产服务。洪水预报主要内容包括最高洪峰水位（或流量）、洪峰出现时间、洪水涨落过程、洪水总量等。

自 20 世纪 90 年代以来，计算机、通信、网络、遥感、地理信息系统等现代信息技术在水文情报预报领域的推广应用，以及水文预报理论和方法的不断发展，为我国防洪减灾工作给予了很大帮助。在洪水预报数学模型方面，用于我国水文作业预报的方法基本上可分为实用水文预报和水文预报模型两种方法。随着科学技术的发展和不少交叉学科的涌现，实施水文预报的技术设备、数学模型都有长足进步，已从简单的经验到理论，从物理模型到数字模拟，再到现代大数据驱动的水文预报，这些进步使洪峰预报的时效性、准确性及精度大幅提高，也延长了预报期，使防洪预报在新的时代条件下产生了质的飞跃，为各级防汛指挥部门提供了科学的决策依据，对降低洪水风险，减少洪灾损失发挥了重要作用。

洪水预报按预见期的长短，可分为短、中、长期预报；按洪水成因要素可分为暴雨洪水预报、融雪洪水预报、冰凌洪水预报、海岸洪水预报等；按预报方法可分为河道洪水预报（如相应水位或流量法）和流域降雨径流（包括流域模型）法两大类。

暴雨洪水预报是目前常用基于一定理论基础的经验性预报方法。如产流量预报中的降雨径流相关图是在分析暴雨径流形成机制基础上，利用统计相关的一种图解分析法；汇流预报则是应用汇流理论为基础的汇流曲线，用单位线法或瞬时单位线等方法对洪水汇流过程进行预报；河道相应水位预报和河道洪水演算是根据河道洪水波自上游向下游传播的运动原理，分析洪水波在传播过程中的变化规律及其引起的涨落变化寻求其经验统计关系，或者对某些条件加以简化求解等。近年来实时联机降雨径流预报系统的建立和发展，电子计算机的应用，以及暴雨洪水产流和汇流理论研究的进展，不仅从信息的获得、数据的处理到预报的发布，用时很短（一般只需几分钟），而且既能争取到最大有效预见期，又具有实时追踪修正预报的功能，从而提高了暴雨洪水预报的准确度。

融雪洪水预报主要根据热力学原理，在分析大气与雪层的热量交换以及雪层与水体内部热量交换的基础上，考虑雪层特性（如雪的密度、导热性、透热性、反射率、雪层结构等）以及下垫面情况（如冻土影响、产水面积等），选定有关气象、水文等因子建立经验公式或相关图预报融雪出水量、融雪径流总量、融雪洪峰流量及其出现时间等。自20世纪80年代以来，概念性模型也得到广泛应用。

冰凌洪水预报，可分为以热量平衡原理为基础的分析计算法和应用冰情、水文、气象观测资料为主的经验统计法两大类。经验统计法较为简便，它选用有关气象、水文、动力、河道特征等因子建立经验公式或相关图，预报冰流量、冰塞或冰坝壅水高度、解冻最高水位及其出现时间等。目前冰凌洪水预报尚缺乏完善的理论和可靠的预报方法。除要加强冰情监测和深入研究冰的生消过程物理机制外，还需要提高气象预报的可靠性，加强热量平衡计算法的研究和建立冰情预报模型。

风暴潮预报，一般先用调和分析法、最小二乘法和月龄法等计算出天文潮正常水位，然后进行风暴潮的增水预报。常用的预报方法有两种：一是经验统计法，即根据历史资料建立经验公式或预报模拟图。如建立风、气压和给定地点风暴潮位之间的经验关系进行预报。二是动力数值计算法，即应用动力学原理，求解运动方程、连续方程，或建立各类动力模型作过程预报。这种方法理论基础比较严密，并可直接在电子计算机上应用。因此，国内外都在进一步研究发展中。

水文气象法预报是为了增长洪水预报的预见期而采用的方法，即从分析形成各类洪水的天气气候要素及前期大气环流形势和有关因素入手，预报出暴雨、气温、台风、气旋等的演变发展，再据以预报洪水的变化。这种方法在很大程度上取决于气象预报的精度。因此，要密切注视预见期内及其前后的天气气候变化，及时进行修正预报，对水库调度运用及研究防洪措施决策起到一定的参考作用。

1.3.2　梯级联合调度利用

在流域梯级开发中，上游建有梯级水库时，由于流域降雨在时间和地区分布上存在着差异，利用流域各梯级水库调节性能的不同，充分发挥大型水库的调节优势，控制其下泄流量进行调蓄调度，通过水库之间的削峰、错峰，可以提高流域梯级整体的防洪能力，减少水电站施工期的防洪度汛压力。同时，梯级水库群联合调度使用全流域洪水预报成果，不仅可为各梯级水电站的防洪度汛提供可靠的信息，而且使梯级调度机构成为全流域的水情信息中心，有利于防洪调度方案的快速决策。

在水利水电工程建设期，梯级联合调度的优点：一是可适当降低度汛标准，从而节约投资；二是可适当延长枯水期，缩短汛期，从而延长坝体施工时间。

利用上游梯级联合调度度汛时，首先是分析不同的洪水特点、变化规律、观测预报特点等，然后结合枢纽特点，拟定调度方式。其次对各典型洪水进行计算，比选确定水库水位、控制断面流量等调度参数。最后推荐调度方案，并得到有关的调度效果、发电损失等。

可供调度使用的参数主要包括水库水位、入库（或坝址）流量、控制断面的天然及控泄流量、流量变化趋势、泄洪建筑物启闭组合等，主要调度方式为水库水位控制法、入库流量控制法、下泄流量控制法等。

1.3.3　施工装备能力增强

过去，我国在水利水电工程建设中，防汛抢险主要是依靠人海战术，机械装备少且落后，尤其没有专用的快速抢险及人员救护的成套设备，不仅劳动强度大，且速度慢，效率低。随着经济的发展，社会的进步，各类功能齐备的工程机械应运而生，利用现代化的机械设备代替原来的人工防汛抢险，不但效率成倍提高，而且极大地减少了人力投入，使现代工程防汛从传统的人工抢险向现代机械化抢险发生根本的转型。

现代工程机械效率高、快速机动能力强且便于集中管理，可缩短抢险时间，节约抢险投资，减轻劳动强度，具有"抢险快、抢险主动、成功率高"等特点，为此，在工程防汛抢险中得到了快速、广泛的应用，也使工程防汛抢险技术得到了质的提高。随着工程机械制造水平的不断提高以及机种门类的不断增加，它们的功能也日益强大，并呈现快速大型化发展趋势。

现代防汛抢险中常用的大型机械设备主要有挖掘机、装载机、自卸车、推土机等，这些设备依靠其优良的机械性能可应用于多种险情的抢护，不但用于挖、装、运、堆、抛等单一作业，而且还能起到一机多用的效果。挖掘机具备近距离移动迅速，可从事挖掘、捣固、搂平、装车、吊装、整型、破碎等作业，它具有优良的路面适应能力和自救能力；装载机可用于散积料物的堆积铲装、吊装、牵引、推平、碾压以及短距离的料物调运等作业；推土机主要可用于料物的近距离推运、推顶、平整、牵引、碾压；自卸车具有高速行驶的性能，适宜于各种距离的料物运输（自卸），具有牵引、碾压等功能，是一种理想的运输工具。

随着我国科技水平的快速提高，现代大型工程机械将进一步向专业化、智能化发展，并依靠其强大的功能、快速灵活的机动能力、稳定可靠的技术性能，为现代工程高效防汛抢险提供可靠的保障。

1.3.4 数值模拟分析辅助决策

数值模型是分析洪水运动的重要手段之一，对受防洪措施影响的大型河网复杂水流运动研究更是起着不可替代的作用。针对大型河网复杂水流运动特征以及防洪系统基本元素之间复杂的水力联系，为能精确反映江、河、湖之间的水流交换及防洪系统对水流运动的影响，实现复杂防洪系统基本元素之间的水力联系，需要将河道、湖泊、水库、分洪区以及水工建筑物的模拟模块耦合在一起，实现各基本元素之间的水力联系，形成防洪数值模型的整体模拟。

电子计算机技术以及数学模型理论的不断发展与广泛运用，采用水动力数值模型解决一些复杂的洪水问题也得到了迅速发展，并随着计算机技术的逐步成熟及数值方法的不断改进，水动力数值模型的模拟精度及模拟功能不断提升，从最初的模拟部分河段，发展到模拟湖泊、流域、蓄洪区、水工建筑物影响下的水流运动等。水力学方法构建的水动力模型适应性较强，计算精度较高，能够运用于复杂水系及水流关系复杂的区域，通过数学手段模拟复杂的物流现象，能够重现洪水演进的自然过程。

随着计算机、通信、网络、遥感、地理信息系统等现代信息技术在水利水电工程领域的推广应用，工程防洪依靠快速准确地收集、存储和处理水情雨情，通过建立的各种专业数学模型进行河道洪水演进模拟分析，从而及时、准确地做出洪水流量过程的预报，提高了洪水预报的时效性和精确度，对辅助工程防汛决策提供了科学依据。

1.3.5 风险控制与应急预案

水利水电工程施工是自然客观存在和人类主观改造相互交织的复杂系统，众多不确定性因素使工程风险分析涉及主观、客观的跨学科研究领域。施工期防洪度汛是水利水电工程施工的控制性项目，其风险分析是水利水电工程施工系统可行性评估、施工规划、设计、计划实施与工程保险的重要科学技术支撑和保证。我国从20世纪80年代开始对施工度汛风险开展研究，并提出了水利水电工程施工度汛标准的"风险率"概念。几十年来，国内外学者围绕施工度汛风险率的刻画及其与施工洪水重现期的内在关系，超标洪水风险率、费用风险率和工期风险率的计算方法，施工度汛风险配置与风险管理等一系列基础性科学问题开展研究，揭示了施工度汛系统不确定性因素的分布特征和施工度汛风险的时空分布规律，已初步建立其系统风险的辨识、估计、分析和建模的理论体系与方法，并成功应用于三峡、溪洛渡、锦屏一级、向家坝、水布垭、糯扎渡、观音岩、鲁地拉等大型水利水电工程设计和施工中，为科学地评价水利水电工程施工过程风险和保证工程建设过程中防洪度汛安全奠定了重要的理论基础。

随着水利水电工程技术的不断进步，工程防汛风险控与防洪应急体系越来越完善，也形成了较规范的防汛应急预案编制方法，为防汛抢险提供了一个良好的管理体制。防洪应急预案是针对工程防汛特点，通过对防洪度汛期间工程存在的危险性分析，建立相应的防汛组织体系，明确职责分工，规范防汛工作程序，确定预防预警、应急响应、应急保障和善后等各个环节所应该采取的工作措施，并进行实地演练，以保障发生突发防汛事件时的应急能力。防汛应急预案的制定，为防汛工作实现集中领导、统一指挥、功能全面、责任明确、信息畅通、反映快捷、运转高效、成本合理提供了可靠的保障，可大幅提高防汛指挥决策和减灾行动的效率。

2 防洪度汛方案

2.1 围堰度汛

2.1.1 围堰度汛方式

围堰度汛包括过水和挡水两种方式。

围堰过水度汛是指围堰设计标准为拦挡枯水期洪水，即枯期由围堰挡水，汛期在坝体等挡水建筑物不具备挡水条件前围堰和基坑过水，坝体等挡水建筑物全部停工或部分停工。通常在以下情况时采用过水围堰：洪、枯流量与水位变幅均较大，常有洪中有枯、枯中有洪的水情变化较大的不稳定河流；河流含沙量较少，基坑过水后清淤工作量较小；如果采用不过水围堰，导流工程量过大，围堰难以在一个枯水期内形成；坝体较低时允许过水；当不允许过水时，在一个枯水期内坝体难以达到安全度汛高程。

围堰挡水度汛分两种情况：一是围堰采用较高的全年挡水标准，在坝体等挡水建筑物施工达到一定高程前，洪水由围堰拦挡，在围堰保护下基坑不被淹没，汛期坝体等建筑物不间断施工。二是坝体等可在截流后一个枯水期上升至具备挡水条件，围堰可只挡枯水期一定标准的流量，至汛期坝体能拦挡相应度汛标准的洪水，围堰即失去挡水作用。

（1）遭遇设计标准内洪水。无论是不过水围堰或过水围堰，都有相应的设计洪水标准和安全措施，这些措施一般在围堰设计和施工时都已考虑和实施。

不过水围堰的堰顶高程确定时已考虑了相应频率的洪水位等因素，以防洪水漫顶。

过水围堰则考虑了相应的保护措施。如土石围堰进行护面及护脚等处理；混凝土过水围堰一般视建基面情况考虑护脚措施。过水围堰当堰面流速较大时，堰面和堰顶保护工程量大，且风险大，如天生桥一级水电站大坝下游围堰在1995年过水度汛时即产生堰脚和下游堰身的冲刷破坏。

有的工程为降低过水围堰堰面流速，采取了设子堰等措施降低过水围堰堰顶高程，从而降低过水时的堰面流速，减小堰面保护工程量，取得很好的效果。

水布垭水电站采用过水围堰、隧洞泄流的导流方式，围堰设计挡水标准为当年11月至次年4月5%频率最大瞬时流量3960m³/s，相应上游围堰堰顶高程223.00m，围堰过水保护标准为全年3.3%频率最大瞬时流量11600m³/s。如上游围堰过水顶面高程223.00m，模型试验测得在下游碾压混凝土围堰堰顶高程211.00m时，上游围堰堰面的最大流速达到18.1m/s，坝面在填筑至高程208.00m过流时最大流速9.04m/s，保护工作极为困难。对此，设计采取了维持围堰挡水标准不变，堰顶高程223.50m，但将围堰过水面的高程降至215.00m，即在坝体填筑至高程215.00m时进行堰面过水保护，然后再进行上部堰体的填筑,在度汛过水前,主动拆除高程215.00m以上堰体,汛期堰体在高程215.00m保护下过水,汛后再恢复填筑上部堰体。同时,将下游碾压混凝土围堰顶高程提高至214.00m。经上述设计优化后,围堰堰面最大流速降至10.48m/s,坝面最大流速降至5.43m/s,大幅度降低了围堰和坝体过水保护的工程量和难度,节省了工程投资。实际施工中,由于来水量较小,围堰及大坝未过水。

天生桥一级水电站采用过水围堰、隧洞泄流的导流方式,上游围堰设计挡水标准为枯水期(从11月11日至次年5月20日)20年一遇洪水,设计流量1670m³/s,相应围堰堰顶高程651.00m,汛期围堰过水保护标准为全年30年一遇洪水,设计流量10800m³/s,经模型试验及计算分析,过堰最大流速10.19m/s,出现流量在3500~5000m³/s之间。设计采取了在堰顶加设高3.0m自溃堰的方案,过水堰顶高程降至648.00m,堰面过水最大流速降至9.41m/s。

(2)遭遇超标准洪水。水利水电工程建设周期一般较长,施工期内遭遇超标准洪水的情况时有发生,应有相应的紧急抢险度汛预案,保证主体工程安全度汛。

1)复核受围堰保护的建筑物在现状条件下,对应可能遭遇超标准洪水的安全稳定性。

2)在堰顶加子堰,提高挡水标准。只要堰顶宽度留有设置子堰的条件即可,这是简单易行的措施。例如龙羊峡水电站围堰设计标准为50年一遇洪水,洪水流量4720m³/s,设计断面较大,边坡较缓(上、下游边坡均为1:2),堰顶宽度达20m,对后来加高围堰、战胜特大洪水起了积极作用。1981年实际出现流量5570m³/s,大于100年一遇,围堰临时抢高4m,保证了安全度汛。

3)设置非常溢洪道,增大泄洪能力。龙羊峡水电站在堰头设置了宽10.5m的非常溢洪道,在溢洪道底槛上用草袋黄土筑堰临时挡水,以便在非常情况下启用。1981年度汛,启用了非常溢洪道,实际最大泄流量540m³/s,使水位降低了2.92m,减轻了抢修加高围堰的负担。

4)对于混凝土围堰,允许堰顶过水,但围堰的设计必须考虑过水时的稳定,并防止对堰脚基础的冲刷。

5)采用自溃式复合围堰,在提高围堰度汛标准的情况下减少对库区的防洪压力。如姚家航电工程库区有大片农田和村庄位于一级台地上,采用防洪堤保护。航电工程施工期间采用主河床导流,左岸为厂房及一期泄洪闸基坑,右岸为船闸基坑,采用土石围堰防护,大大束窄了河流的泄洪断面,在超标准洪水下会影响防洪堤安全,为此设计要求右岸船闸围堰在超标准洪水情况下要进行拆除清理到一定高程。该项目在围堰设计时将下部采用改性土包裹填筑,需要挖除的断面采用土石结构中填埋花管。在度汛中当洪水达到围堰拆除标准时,采取开挖和利用花管灌水措施让上部围堰溃破形成泄洪通道。

2.1.2 土石围堰度汛

土石围堰由土石填筑而成,多用在上、下游横向围堰,它能充分利用当地材料,对基础适应性强,施工工艺简单。土石围堰度汛按结构形式可分为挡水和过水两种度汛方式,工程中一般多采用不过水围堰,如采用过水围堰,汛期过水时,应予以妥善保护,需要做好溢流面、围堰下游基础和两岸接头的防冲保护。

(1)挡水度汛。土石围堰挡水度汛时,需对围堰迎水坡面采取保护措施,防止风浪淘刷、雨水冲刷及水流的冲刷。对于上游围堰，主要防止隧洞、明渠进口部位或与纵向围堰连接处的收缩水流对堰坡和堰脚的冲刷；对于下游围堰，应防止扩散水流或回流冲刷，通常可采用堆石、砌石、梢料、石笼、混凝土板等进行护坡。纵向围堰的防护，尤应满足抗冲流速的要求，其防冲措施一般采取设置导流、挑流建筑物和防冲保护两类，其中导流、挑流建筑物常采用导墙、丁坝、矶头等进行防护，干地施工可用混凝土、砌石、木笼等结构形式，水下施工一般用抛块石、竹笼、铅丝笼等；防冲保护部位除堰坡外，对于砂卵石堰基，土质岸坡均需保护，应视水流条件确定，防护工事一般有抛石、砌石、柴排或梢捆、竹笼或铅丝笼及钢筋混凝土柔性板等。

（2）过水度汛。大型水利水电工程为了保证汛期不间断地施工，往往采用全年挡水的导流流量标准。但不少大中型工程受水文、地形、地质等条件的制约，为了围堰全年挡水而增大导流流量，常导致导流工程规模过大，因而在工期和经济上得不偿失，有时甚至在技术上也不可行，故只宜采用过水围堰，允许汛期围堰过水，中断施工。土石过水围堰施工简便，对地基适应性强，但土石方填筑量不宜过大，围堰挡水流量标准也不宜过低，以便有足够时间完成围堰的过水保护，并避免围堰全年频繁过水影响施工。土石过水围堰高度一般在30m左右。

土石围堰过水度汛时，过水堰面需设置防护措施。按其堰体形状有实用堰和宽顶堰，按溢流面所使用的材料可分为混凝土面板溢流堰、混凝土楔型体护面板溢流堰、大块石或石笼护面溢流堰、块石加钢筋网护面溢流堰及沥青混凝土面板溢流堰等，按消能防冲方式可分为镇墩挑流式和顺坡护底式溢流堰。

2.1.3 混凝土围堰度汛

混凝土围堰防冲防渗性能好，堰体断面小，相对工程量少，既适用于挡水围堰，更适用于过水围堰。混凝土围堰大多用于纵向围堰，且为重力式，也有用于横向围堰，狭窄河床的上游横向围堰，常采用拱形结构。混凝土围堰一般需在低水头土石围堰保护下干地施工，但也可创造条件在水下浇筑混凝土或预填骨料灌浆，中型工程常采用浆砌块石围堰。混凝土围堰度汛主要分为挡水度汛和过水度汛两种方式。

（1）挡水度汛。混凝土围堰挡水度汛时，受基坑抗冲流速控制，主要需考虑纵向混凝土围堰基础防冲保护措施。混凝土围堰本身抗冲流速一般可达20m/s，但围堰迎水面的基础并不一定能承受这样大的流速，必要时需采取相应的防冲保护措施，才能确保围堰安全运行。根据围堰基础的地质情况，可采用混凝土防冲板保护方案。若布置防冲板有困难，也可采用挖防冲槽浇筑混凝土保护方案。

（2）过水度汛。混凝土围堰过水度汛主要应解决围堰下游消能防冲问题。混凝土过水围堰因水流落差大，对下游河床或基坑产生严重冲刷，一般需通过分析计算和水工模型试验，拟定下游消能工及防冲措施。对上游过水围堰尚需考虑大坝施工形象面貌对围堰下游消能工的影响，并按水力衔接最不利的工况进行防冲设计。若围堰基础地质、地形条件尚好，可采用挑流消能，以减少下游防护工程量，简化施工；若围堰基础地质、地形条件较差，宜采用底流或面流消能，但下游防护工程量大，需视各方条件及工期的可行性，进行综合分析比较。

2.2 主体建筑物度汛

2.2.1 坝体度汛

（1）坝体度汛方式。坝体度汛包括过水度汛和挡水度汛两种方式。

1）坝体过水度汛。采用过水围堰施工的坝体，在坝体不具备挡水条件前，汛期采用坝体和围堰过水的方式度汛。坝体过水方式有全坝体过水和预留缺口过水方式。全坝体过水时坝体汛期停工；预留缺口过水时，缺口两侧坝体可在汛期继续施工。

2）坝体挡水度汛。坝体具备挡水条件后，开始由坝体挡水度汛。坝体挡水分临时断面挡水和全断面挡水两种方式。坝体挡水度汛期间，一般由隧洞、涵管、底孔等临时导流泄水建筑物过水，当临时导流泄水建筑物封堵后，一般要求永久泄洪建筑物具备设计泄洪能力，汛前坝体上升高度应满足拦洪要求，帷幕灌浆及接缝灌浆高程应能满足蓄水要求，以保证坝体的安全。

（2）土石坝度汛。施工中的土石坝一般不宜过流，必须过流时，需通过水力计算及水工模型试验专门论证，确定其水力学条件及相应的防护措施。

土石坝施工高峰期一般发生在截流后的第一个枯水期，截流后需抓紧完成基础开挖、坝基及岸坡处理、坝体填筑，以期能在汛前将坝体全断面或临时断面填筑至拦洪度汛高程。当坝体不能在汛前填筑至挡水高程时，宜填筑至较低高程，在对坝面采取保护措施后，汛期坝面过水度汛。采取坝面过水度汛方式，常常成为降低导流工程规模、减少导流工程造价的有效措施，但如果措施不当，将带来较大危害，必须慎重对待。

根据《水电水利工程碾压式土石坝施工组织设计导则》（DL/T 5116）中规定，施工导流与度汛贯穿碾压式土石坝施工全过程，应进行系统分析、全面规划、统筹安排，妥善处理施工与洪水的关系。碾压式土石坝施工期间，在无可靠保护措施的情况下，不允许漫顶过水。以堆石为主体的坝体，经论证比较，在采取可靠过水防护措施的情况下，允许施工期坝面过水。由坝体拦洪度汛时，应根据当年坝体设计填筑高程所形成的拦洪库容大小确定拦洪度汛标准。导流泄水建筑物封堵时间安排也应满足水库初期蓄水过程中土石坝安全度汛要求。

1）土石坝度汛特点。土石坝施工过程中，抢筑坝体至拦洪度汛是最紧张、最关键同时也是风险最大的施工阶段。主要特点包括：

A. 施工工期短，坝体填筑时间有限。我国北方乃至南方大部分地区，河水呈季节性变化，一般在 6 月进入主汛期，南方一些地区受梅雨季节影响，会更早（4 月中下旬或 5 月初）地进入汛期。9 月以后，河水流量逐渐变小，河道截流时间一般选择在汛期末、枯水期初的 10 月或 11 月，北方地区也可提前至 9 月。所以，截流后的第一个枯水期很短，北方地区汛期一般为 6～8 个月，南方地区汛期一般为 5～7 个月，除去围堰闭气、基坑排水、坝基开挖和处理的时间外，留给坝体填筑的施工时间就非常有限。

B. 施工期内的自然条件恶劣。北方地区 12 月至次年 2 月平均气温在 0℃以下，有些地区河流结冰、土层冻结，对开挖、混凝土、灌浆以及填筑施工均不利。

C. 施工项目繁杂、工序多、干扰大。土石坝工程截流后，要进行基础开挖、坝基处理和坝体填筑施工，面板坝还要进行趾板混凝土浇筑，坝体填筑原则上应在坝基、两岸岸坡处理验收以及相应部位的趾板混凝土浇筑完成后进行。

D. 坝体填筑作业集中，施工强度高。土石坝断面大，如采用坝体临时小断面拦洪度汛，由于临时小断面坝顶有行车、回车要求，其宽度一般不小于 20m，断面后坡一般比坝体的下游坡缓，加之临时小断面后坡还需布置临时施工道路，因而临时小断面的底宽与工程量较大，施工强度高。

2）土石坝度汛方式。根据土石坝的规模和特点，度汛方式一般有三种：

A. 中、小型工程尽量在截流后第一个枯水期抢填筑至拦洪度汛高程。利用枯水期低围堰挡水、隧洞泄流，在截流后第一个枯水期内填筑临时断面到度汛水位以上挡水度汛。

B. 大型工程尤其是在峡谷建坝，坝体难以在截流后的第一个枯水期抢筑至拦洪度汛高程，应分期分段进行度汛规划，即按先期过流、后期挡水度汛进行分期。先期过流度汛基本内容包括：采用较低洪水标准的过水围堰，允许汛期淹没基坑；坝体全断面填筑，汛期对坝体上下游坡、坝面进行保护后过水。

C. 采用高围堰全年挡水度汛方案，即在高围堰的保护下，坝体全年施工。虽然较少采用，但也有成功经验。如坝高 139m 的公伯峡水电站面板堆石坝采用导流洞泄流、高29m 围堰拦挡全年洪水的度汛方式。

3）一般土石坝度汛。一般土石坝指除面板堆石坝以外的土石坝。土石坝在填筑施工过程中，度汛方式一般为抢筑经济断面作为临时断面挡水，对于初期不能抢填到挡水高程的，则允许坝体过水。

A. 土石坝度汛方案的选择。土石坝的度汛设计比较复杂，要考虑整个施工期的度汛安排，制定出全面的度汛方案。

a. 度汛阶段划分及度汛标准确定。土石坝的度汛阶段可按坝体不同的施工阶段来划分，即初期导流、后期导流两个度汛阶段。后期导流又分为导流泄水建筑物封堵前、后两个阶段。每个阶段的度汛标准的要求是不同的，应按规范规定设计。根据这些标准才能确定导流建筑物的规模与各个导流时段大坝应有的安全度汛高程。各个度汛阶段的划分及相应度汛标准确定如下：①初期导流期是指土石坝施工的初建阶段，利用围堰挡水，洪水经导流泄水建筑物下泄，即坝体初期导流阶段，相应的洪水标准应按导流建筑物洪水标准度汛；②后期导流Ⅰ阶段是指大坝开始挡水至导流泄水建筑物封堵前。在这个阶段，大坝不断增高，库容逐渐增大，汛期坝体直接拦洪度汛，导流泄水建筑物泄流，此阶段要求导流标准不断提高，称为坝体施工期度汛标准；③后期导流Ⅱ阶段是指导流泄水建筑物封堵后大坝继续施工的完建阶段。即大坝基本建成，导流泄水建筑物已封堵，汛期坝体拦洪、蓄水，但这时枢纽泄洪等建筑物不一定全部建成并达到正常运用条件，因此，可称为施工运用期。坝体施工运用期拦洪蓄水度汛应采用导流泄水建筑物封堵后坝体度汛洪水标准。

b. 施工期度汛方式的选择与措施。土石坝施工期的度汛是处在坝体高度不大，而填筑断面又很大的条件下，施工强度要求高，故度汛方式的选择与措施，应充分考虑这一点。度汛方式根据坝体不过水或过水分为以下两种类型：①不允许坝体过水，在截流后第一个汛期前坝体抢筑至度汛高程，导流泄水建筑物泄洪度汛方式。对高土石坝，往往较难在一个枯水期将坝体填筑至度汛安全高程要求，所以抢筑拦洪高程是采用这类度汛方式的关键；②采用未完建坝体或预留一个缺口（采取防冲保护），由坝身漫洪和导流泄水建筑物联合过水度汛方式。一般土石坝不允许坝体过水，但随着土石坝工程建筑的发展和科学技术的进步，堆石坝采用较低高程断面或留出一个豁口过水度汛的工程日益增多。如四湖沟水利枢纽施工导流方案设计留出 50m 缺口过流，春汛、汛前和大汛洪水由导流洞及坝体缺口联合泄流。

施工期临时度汛措施：土石坝常用的施工期临时措施有降低溢洪道高程、设置临时溢洪设施、采用坝体临时断面拦洪挡水等。

B. 临时断面挡水度汛。土石坝的上游围堰尽可能与坝体结合，并采取以坝体拦挡第一个汛期洪水的度汛方式。自 20 世纪 80 年代以来，随着大型施工机械的发展，使土石坝建设速度明显加快，在截流以后的第一个汛期到来之前可将坝体抢筑至拦洪度汛水位。国内若干土石坝工程第一个汛期前坝体抢筑至拦洪高程的实例见表 2-1。

表 2-1　　　国内若干土石坝工程第一个汛期前坝体抢筑至拦洪高程实例表

工程名称	地理位置	河流	总工程量/万 m³	最大坝高/m	设计拦洪标准		开工至拦洪日期	拦洪坝高/m
					重现期/年	流量/(m³/s)		
密云	北京		1105.0	66.0	100	8910	1958.9—1959.8	49.0
清河	辽宁铁岭	清河	773.5	39.4	100	5944	1958.5—1959.7	28.5
岗南	河北平山	滹沱河	1447	63.0	100	6260	1958.3—1959.7	51.0
松涛	海南儋州	南渡江	447.1	80.1	100	7100	1958.7—1959.8	55.0
黄壁庄	河北鹿泉	滹沱河	1930.1	30.7	100	9050	1958.10—1959.7	
王快	河北阜平	大清河	861.4	52.0	100	7860	1958.6—1959.6	35.0
西大洋	河北保定	大清河	1198.3	54.8	100	6490	1958.7—1959.7	35.8
山美	福建泉州	晋江	154.0	74.5			1971.10—1972.7	74.0
察尔森	内蒙古	嫩江	621.6	40.0	100	2280	1988.9—1989.6	28.0

C. 坝体过水度汛。一般情况下，土石坝不宜采取过水的度汛方式。但在洪水流量过大、历时又短，且对导流泄水建筑物和围堰规模要求很大时，可采取围堰和土石坝体经过保护的过水度汛方式。即当土石坝工程量较大，即使采用临时断面挡水，也难达到拦洪高程，在坝体较低时，允许采用坝面过水。有时，围堰工程量较大，在一个枯水期内难以完成，也需要临时过水。

实践证明，只要防护措施得当，土石坝过水是完全可能的。国内外采用土石坝过水的工程已有一些成功的经验，国内外若干水利水电工程土石坝过水情况见表 2-2。国内仅用于中、小型工程，临时过水坝体高度不大，库容较小。

4）混凝土面板堆石坝度汛。

A. 混凝土面板堆石坝施工度汛方案选择。度汛方式选择，国内面板堆石坝工程中，普遍采用了隧洞导流的方式。施工度汛方式按堆石坝体挡水或过水，分为两种类型：

工程名称	河流	国家	坝型	过水时坝高/m	坝面防冲措施	过流量/(m³/s)	水深/m	坝面过水影响
龙凤山	黑龙江	中国	土坝	7	砌石护面	140	1.3	安全度汛
毛家村	礼河	中国	土坝	9	干砌石与木框填石	40		木框有冲坏，其余无损坏
官昌	七都溪	中国	土石坝	12.5	条石护面、混凝土护脚	117		堆石下沉 3cm，运行良好
百花	猫跳河	中国	堆石坝	28	未护面	1300	6	超标洪水冲失剥离堆石 10 余万 m³
升钟	嘉陵江	中国	土坝	9	干砌条块石护面	620	3	安全度汛
双里	闽江	中国	土石坝	12	250kg 块石护面	57		坝面稍有冲刷，其余完好
琴源	琴源溪	中国	土石坝	11	下游坡用 30～40cm 块石护坡	160		冲失土石 14000m³
努列克	瓦赫什河	塔吉克斯坦	土石坝	20	大块混凝土护面	1860	5	坝面降低 1m，混凝土板下局部冲深 2m
乌斯季汉泰	汉泰河	俄罗斯	土石坝	16	木笼及 15～18t 巨石串钢筋	7000	9	下游冲出 10m 冲坑
奥德河	奥德河	澳大利亚	堆石坝	28	钢筋网加固	5600	10.5	钢筋有破坏，堆石体沉陷 3cm

第一种类型，堆石坝体在截流后第一个汛期前，就抢筑到设计的挡水度汛高程（堆石坝体可按设计的临时断面填筑），导流隧洞泄洪度汛。

第二种类型，截流后第一个汛期前，堆石坝体填筑到一个较低的高程后，预留出一个缺口采取防冲保护，由堆石体顶部或坝体缺口和导流隧洞联合过水度汛，汛后继续填筑坝体，第二个汛期由升高后的堆石坝体挡水度汛。

对于面板堆石坝，采用低标准围堰结合坝体挡水度汛方式时，其拟定的临时断面尺寸不仅要满足稳定和抗渗要求，而且要满足施工机具和后续坝体施工要求。对于中小型工程，应创造条件，争取在一个枯水期内将坝体临时断面填筑到度汛高程，最好不要采取坝体过水度汛方式，以减少坝面保护工作量，使坝体填筑在汛期也能继续施工。

a. 初期导流。围堰围护大坝施工期内，应以导流设计标准作为施工度汛标准。在采用过水围堰时，根据面板堆石坝基础处理及河床段趾板施工需要，围堰的防洪标准一般为 20 年一遇枯水期洪水。

b. 后期导流。大坝坝体施工高程超过围堰顶高程，可利用未完建坝体拦洪挡水，应按施工组织设计规范规定设计。

后期导流Ⅰ阶段：大坝开始挡水至导流泄水建筑物封堵前。此时坝体部分投入使用或坝体与导流建筑物部分结合（如坝体与围堰相结合），应按坝体施工期临时度汛洪水标准度汛。

后期导流Ⅱ阶段：导流泄水建筑物封堵后。此时坝体尚未完建，进行初期蓄水时，其度汛洪水标准应按施工组织设计规范规定拟定。

国内部分混凝土面板堆石坝导流度汛标准选用情况见表2-3。

表2-3　　　　　　国内部分混凝土面板堆石坝导流度汛标准选用情况表

序号	水电站工程名称	地理位置	河流	坝高/m	导流工程级别	导流隧洞条数—宽×高(直径)/m	围堰堰型	施工度汛标准(重现期)/年		
								初期导流	截流后第一个汛期	第二个汛期
1	成屏一级	浙江遂昌	瓯江	64.6	V	1—10×10	土石	枯20	挡水50(坝高60m)	过水50(未过水)
2	西北口	湖北宜昌	黄柏河	95.0	IV	1—8.5×13.2 1—φ5	土石	枯20	过水20(坝高31.5m)	挡水100
3	株树桥	湖南浏阳	浏阳河	78.0	IV	1—φ5.2	土石	枯20	挡水100(坝高61m)	挡水300
4	万安溪	福建龙岩	九龙江	93.8	IV	2—9.4×11.6	土石	枯20	未过水(坝高8m)	挡水50
5	花山	广东广宁	绥江	80.8	V	1—5.5×6.5	混凝土(过水)	汛50	挡水50	挡水100
6	东津	江西修水	修河	85.7	IV	1—φ5.0	土石	枯10	挡水100(坝高56.7m)	挡水200
7	白云	湖南	巫水	120.0	IV	1—7.5×9.2	土石(过水)	汛20	过水100	挡水100
8	莲花	黑龙江	牡丹江	71.8	IV	2—12×14	土石(过水)	枯20 汛20	过水30(坝高17m)	挡水300
9	天生桥一级	广西	南盘江	178.0	IV	2—13.5×13.5	土石(过水)	枯20 汛10	过水30(坝高30m)	挡水300
10	洪家渡	贵州	乌江	179.5	IV	1—14.8×13 1—12.8×11.6	土石	枯10	坝高100(挡水)	挡水100(坝高132m)

B. 混凝土面板堆石坝施工期度汛方式包括以下几种：①临时断面挡水度汛；②坝体先期过流，后期挡水度汛；③河床留缺口过流，坝体分段填筑、分期度汛；④围堰挡水，基坑及坝体全年施工。

C. 临时断面挡水度汛。临时断面挡水度汛的关键在于施工程序的安排上，应抓住坝体填筑工期这一环节。为争取填筑工期，宜先进行临时断面填筑部位的局部开挖、清理，力争早开工填筑。临时断面设计应考虑以下几个主要方面。

a. 由水文资料演算，确定相应设防标准对应的坝体设防高程。

b. 坝顶宽度的确定。在确定坝顶宽度时主要考虑：便于机械化施工；便于大汛来临时的防汛抢险；便于施工道路的布置。

c. 度汛断面的边坡。一般度汛断面的位置均处在大坝上游挡水前沿，上游坡面即为大坝的设计坡比，下游的坡比可等于或略缓于设计坡比。

d. 度汛临时断面的布置必须以便于组织高强度生产为目标，需考虑施工道路布置、大坝坝体填筑供排水布置、坝体观测仪埋设施工等因素。

东津水电站主体建筑物包括大坝、左岸溢洪道、右岸导流兼放空洞及发电隧道、厂房等，装机容量 60MW。面板堆石坝坝高 85.5m，坝顶长 327m，坝体工程量 167 万 m³，堆石料为砂岩。导流方式为河床一次拦断，导流隧洞泄流。围堰挡水标准为枯水期 10 年一遇洪水，截流后第一个汛期即采用临时断面挡水度汛，度汛标准为 100 年一遇洪水，拟定临时断面的尺寸为高 56.7m，顶宽 10m，上游坡 1∶1.4，下游坡在高程 145.00m 处设宽 13m 的马道，马道以上的坡度 1∶1.3，以下为 1∶1.4，填筑量为 68.5 万 m³。东津水电站大坝挡水度汛临时断面及填筑分期见图 2-1。

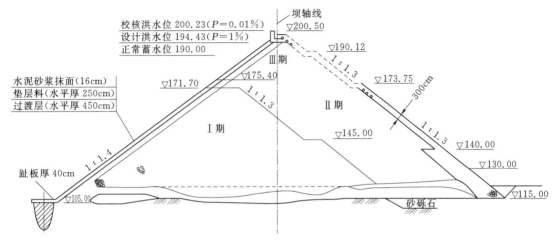

图 2-1 东津水电站大坝挡水度汛临时断面及填筑分期图

东津水电站工程于 1992 年 11 月 22 日截流，12 月 30 日开始大坝填筑，1993 年 4 月底完成临时断面填筑，1—4 月各月填筑量分别为 6.5 万 m³、18.8 万 m³、18 万 m³、23.2 万 m³，月均上坝强度 17.4 万 m³，日均上坝强度 6800m³，高峰日上坝强度 1.27 万 m³。日平均升高 0.56m，日最大升高为 1.0m。

东津水电站混凝土面板堆石坝在一个枯水期抢筑拦洪断面，主要经验在于：①截流前准备工作较充分，为截流后高强度填筑创造了有利条件；②准备了满足高强度填筑所需要的料源。填筑前已准备了垫层料 1.5 万 m³（相当于需要量的 60%），过渡料和堆石料 32 万 m³，并打开了溢洪道开挖等可提供料源的工作面；③形成了通畅的上坝道路，车辆可循环通行，保证运送所需料物；④在趾板开挖与浇筑之前，自趾板下游 17m 以后先填筑主堆石，争取了填筑的有效工作日。

在临时断面完成后，1993 年 7 月上旬最大一次洪水（约相当于 15 年一遇），入库洪峰流量 1800m³/s 左右，坝前水位达 152.68m，经导流洞下泄的流量仅为 387m³/s，削峰 1400m³/s 左右，汛期调节了近 3 亿 m³ 的洪水量，减少了下游广大地区的洪水灾害，发挥了拦洪度汛效益，实现了安全度汛。

D. 坝体先期过流，后期挡水度汛。此种方式适宜于峡谷建坝，基本程序包括：采用较低洪水标准的过水围堰，容许汛期淹没基坑。初期坝体全断面填筑，汛前坝体填筑高程一般低于上、下游围堰堰顶高程。在对坝体上、下游边坡和坝面进行保护后，由坝面过水度汛。坝体过水度汛后，及时清理坝面和拆除保护设施，恢复坝体填筑，在下一个汛期前，填筑坝体至拦洪度汛高程以上，实现坝体挡水度汛。

a. 水布垭水电站工程。水布垭水电站位于清江中游河段巴东县境内，为清江流域龙头水电站，装机容量 1840MW。主要建筑物为：混凝土面板堆石坝、溢洪道、地下式水电站及放空隧洞。混凝土面板堆石坝最大坝高 233.0m，是世界同类型坝的最高坝，坝轴线长 660m，坝体填筑量 1564 万 m³。施工导流采取围堰一次拦断河床、隧洞过流、枯水期围堰挡水、汛期淹没基坑的方式。布置两条导流隧洞，隧洞断面为斜墙马蹄形，断面尺寸为 12.38m×15.72m，过流面积 193.87m²。

坝体施工期临时度汛洪水标准如下：

2003 年汛期坝面过水，洪水标准为全年 3.3% 频率最大瞬时流量 11600m³/s，导流隧洞和坝面过流。

2004 年汛期坝体临时断面挡水，拦洪度汛标准为全年 0.5% 频率最大瞬时流量 14900m³/s，导流隧洞和放空洞泄流。

2005 年、2006 年汛期坝体拦洪度汛标准为全年 0.33% 频率最大瞬时流量 15500m³/s，导流隧洞和放空洞泄流。

2006 年至 2007 年枯水期坝体三期面板施工，导流标准为 5 月 5% 频率最大瞬时流量 6030m³/s，放空洞泄流。

2007 年汛期坝体度汛标准为全年 0.2% 频率最大瞬时流量 16500m³/s，溢洪道、机组及放空洞过流。

2008 年汛期坝体实现正常蓄水。

根据施工进度计划，在 2003 年汛前坝体上游 45m 条带填筑至高程 200.00m，下游填筑至高程 208.00m，并完成河床及两岸高程 200.00m 以下趾板混凝土浇筑和坝面过水保护。

可研设计阶段设计上游土石围堰过水面高程 223.00m，下游土石过水围堰堰顶高程 211.00m。经优化，上游围堰采取高围堰挡水，低围堰过水的形式，围堰过水面顶高程降至 215.00m，同时下游采用碾压混凝土围堰，并将堰顶高程由 211.00m 提高至 214.00m，以形成壅水堰。模型试验表明，在设计过水流量下，高程 176.00m 趾板处的最大底流速为 2.83m/s，高程 200.00m 前后端的最大底流速分别为 4.36m/s、3.33m/s，坝面的最大底流速约为 5.5m/s。由于受河道走向的约束，坝面水流偏向右岸，最大底流速从右岸向左岸逐渐降低，从约 5.5m/s 降低到 3.5m/s。坝面保护措施为：对未填筑坝体部位趾板的止水采用编织袋装砂砾石保护；上游坡面采用挤压边墙，不采取其他保护措施；在高程 190.00m 平台的垫层料和过渡料表层用碾压砂浆保护，保护范围超过过渡料区延伸至主堆石区 2m；高程 200.00～208.00m 之间临时边坡坡比为 1:3.0，该坡面坡顶部位钢筋石笼保护宽度为 12m，高程 208.00m 坝面钢筋石笼和钢筋网保护宽度为 28m；在下游碾压混凝土围堰高程 208.00m 设置两处断面为 1.2m×1.8m 过水廊道，用于排除坝面过水后坝面积水。其坝体过水设计断面见图 2-2。

2003 年汛前坝面填筑高程 210.00m，坝体前端填筑高程 196.00m；垫层料采用挤压边墙保护；坝体 196～210m 坡顶前沿采用钢筋石笼防护，然后停工待汛。

2003 年清江洪水偏枯，上游水位未超过 215.00m，围堰和坝体没有过水，水布垭水电站安然度汛。因面只进行了局部重点防护，且坝体填筑面积大，从高程 196.00m 坝

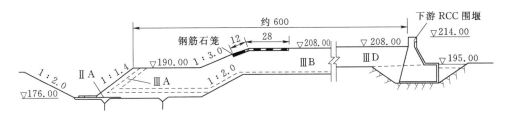

图 2-2　水布垭大坝坝体过水设计断面（单位：m）

面前沿到下游碾压混凝土过水围堰距离约 600m，坝面宽约 100m，坝面防护与拆除施工并不占坝体填筑施工直线工期。

b. 西北口水电站工程。西北口水电站位于长江支流黄柏河上，全流域多属山区，为典型的山溪河流。面板坝坝高 95m，坝体填筑量 165 万 m³，坝顶高程 330.50m。大坝右岸布置岸边式溢洪道（2 个 12m×14m 的泄水孔），最大泄量 4466m³/s。左岸布置一条泄洪兼导流隧洞宽 8.8m、高 13.2m，最大泄量 1594m³/s。大坝与泄洪洞之间布置了内径为 5m 的发电输水隧洞（兼顾导流、泄洪、冲沙）。100 年一遇洪峰流量 3520m³/s，经两条导流洞调节后，相应坝前水位为 295.43m。

大坝导流度汛比较了以下 3 种方案：

坝体过流方案：即用加筋堆石保护下游坡，允许坝体过流，100 年一遇洪水的单宽流量达 45m/s，因过水保护技术难度大而放弃。

坝前设置高围堰，全年挡水方案：坝前围堰高达 50m，填筑工程量 64 万 m³，将延长工期一年并增加投资，也被放弃。

利用坝体拦洪方案：即 1986 年 6 月开工，1987 年汛前坝体填筑到高程 300.00m，拦挡 100 年一遇洪水。另外，上游建一座土石围堰，挡水标准为 20 年一遇的洪水。

经比较选择坝体拦洪方案。

施工计划为：1986 年 10 月初截流，1986 年 12 月至 1987 年 4 月，将大坝填筑到 300.00m 高程，堆石体高度为 64.5m，填筑工程量 120 万 m³，平均月强度为 25 万 m³。同时，完成溢洪道两岸削坡、泄洪洞以及辅助工程等 95 万 m³ 的石方开挖。

实际上，这一方案未能按计划进行。主要原因是大坝填筑拖延了工期。开工之始至次年汛前，大坝仅升高 15～20m 至高程 265.00m，填筑量为 54 万 m³，约完成计划量的 45%，当时尽管考虑采取延长汛期施工时段和降低度汛标准等措施，把填筑高程由 300.00m 降至 292.00m，减小填筑工程量，但仍无法完成，最后被迫采取应急措施，准备坝顶过流。

应急措施包括：坝体填筑至高程 264.00～268.00m 后停止填筑；下游坝坡放缓到 1:8.5，坝顶及坝坡用抛石防护，并以钢筋和钢丝绳串联块石护坡；在坡脚下游 30m 范围内铺筑厚 1.0m 的大块石，形成柔性海漫，防止坡脚被冲刷。

1987 年 8 月中旬，流域出现较大的降雨过程，水流漫坝，最高水位达 267.11m，坝顶前缘水深 2.7m，历时 17h。洪水过程中，坝的上、下游均为浑浊水流，但距下游坡脚 5m 的区域水流清澈。洪水过后，坝顶仅低洼处稍有淤积，上游坡垫层和喷射混凝土保护层无明显破坏，此情况表明上游坡的临时保护措施有效，垫层料工作正常，渗流稳定可靠。

c. 珊溪水电站工程。珊溪水电站位于浙江省文成县境内飞云江干流中游河段，装机容量 200MW。主要建筑物为混凝土面板堆石坝、溢洪道、泄洪洞、引水发电隧洞、发电厂房、开关站等。面板堆石坝坝高 130.8m、坝体填筑量 571 万 m³，施工导流与度汛采用土石过水围堰挡流、隧洞导流的方式。导流隧洞设两条，断面为 9m×11m，城门洞形。施工导流分为 5 个阶段：截流后的第一个枯水期（1997 年 11 月至 1998 年 4 月），由围堰挡水，1 号导流隧洞导流；1998 年汛期围堰和大坝过水，1 号导流洞联合泄流度汛；1998 年 11 月至 1999 年 4 月，由围堰挡水，1 号导流洞泄导流；1999 年 5 月到 2000 年 4 月，由大坝挡水，1 号、2 号导流洞（与永久泄洪洞结合）联合泄流度汛；2000 年 4 月导流隧洞下闸，封堵 1 号导流隧洞，水库蓄水。施工导流与度汛设计标准见表 2-4。

表 2-4　　　　　　　　　　　　施工导流与度汛设计标准表

项目	时段/(年.月)	频率	流量/(m³/s)	水位/m	
				上游	下游
围堰挡水	1997.11—1998.4				
	1998.11—1999.4				
过流	1998.5—1998.10	全年 5%	7790	69.10	55.30
大坝挡水	1999.5—1999.6	5—6 月 1%	4890	80.80	51.04
	1999.7—2000.4	全年 1%	11500	101.16	51.93
	2000.5—2001.4	全年 0.1%	16700	127.65	50.00

1998 年汛前，大坝填到高程 50.00m。模型试验和水力计算显示，在全年 5% 频率设计洪水下，坝面平均流速 3.5m/s，采用粒径 0.5m 以上的完整、坚硬新鲜的石料护面，护面层厚 1m，填筑及碾压要求与坝体堆石相同；坝后采用超径石防护。考虑到坝面在汛后需要填筑升高，且经碾压后的堆石与模型中模拟的情况有所不同，另外即使出现 5% 频率以上的洪水，也仅会引起坝面某一部位破坏，不会危及大坝安全，实施时未用大块石保护，仅靠碾压后的坝面过流度汛。1998 年 6 月 21 日坝面经历了长达 28h 的洪水考验，实测最大洪水流量为 2295m³/s，过坝流量 1195m³/s，坝面平均流速 2.43m/s，对过流后坝面情况进行了检查，发现除残留厚 1～2mm 淤泥外，坝面无冲蚀现象。

E. 河床留缺口过水或分期导流、坝体分段填筑、分期施工。此种方式适用于较宽阔的坝址，国内已建工程应用实例如下：

a. 莲花水电站。莲花水电站位于黑龙江省海林市的牡丹江干流上，以发电为主，装机容量 550MW。枢纽由主坝、副坝、溢洪道和引水发电系统组成，工程总工期 67 个月。

大坝为混凝土面板堆石坝，最大坝高 71.8m，坝体填筑量 420 万 m³。工程采用河床一次拦断，隧洞导流方式，围堰挡水标准为枯期 20 年一遇洪水，设计堰顶高程 173.00m，布置两条 12m×14m 方圆形导流洞。大坝度汛方式为：截流后第一年（1995 年）采用大坝低部位留缺口过水与导流洞联合泄流的度汛方式。围堰过水保护标准为全年 20 年一遇洪水，缺口过水防护设计标准为全年 30 年一遇洪水流量 8070m³/s，缺口高程 171.00～173.00m，前低后高，形成 1.25% 的反坡以减少坝面流速。缺口以下坝体下游坡放缓到

1∶2，以保持过流稳定。缺口底宽经比较选用 250m，两侧边坡 1∶1.5。在设计洪峰流量时，库水位为 178.87m，下游面水流底部流速约为 15m/s（见表 2-5）。

表 2-5　坝面过流水力学参数表

测量项目	标准	
	$P=5\%$	$P=3.3\%$
$Q_{max}/(m^3/s)$	694	8070
坝前水位/m	178.10	178.87
过水单宽流量/[$m^3/(s \cdot m)$]	16.21～16.13	约 20.00
坝面流速/(m/s)	1.92～7.07	2.15～7.83
下游坝坡流速/(m/s)	9.66～15.12	10.27～15.03
下游坝坡水深/m	1.22～1.73	1.45～2.33

为防洪水冲刷，采取了以下防护措施：上游坡面（垫层料）采用 50 号水泥砂浆固坡。缺口坝面上游部位采用大块石保护，厚度不小于 0.8m，下游部位采用 100 号混凝土防护。坝体下游坡采用 $\phi 25mm$ 的钢筋网加固，孔网尺寸 25cm×25cm。钢筋网下坝体填筑的石料粒径不小于 20cm，填筑厚度 2.0m；水平拉筋为 $\phi 32mm$，长 10m，水平与垂直间距均为 90cm，水平筋与钢筋网焊接，并在外侧加了一层干砌石。过水前，围堰与填筑体之间充水，以减少水流冲刷。缺口两侧采用坝面的保护方式，保护高程 180.40m。

实际上，1995 年汛期最大洪水流量 663m³/s，上游水位 165.95m，未超过缺口高程，围堰及坝面未过水。

截流后第二年（1996 年）汛期大坝采用临时断面挡水、溢洪道泄流的度汛方式。大坝设计挡水标准为 300 年一遇洪水，流量为 14700m³/s，相应库水位 215.32m。临时断面的顶高程 217.20m，堆石体的高度 63.2m（相当于总坝高的 88%），下游临时坡 1∶1.3，并在高程 195.00m 处设宽 3m 临时马道，顶面宽 16m，以适应防汛抢险和面板施工的需求。

1996 年 8 月 22 日下闸蓄水，坝体完工。

b. 天生桥一级水电站。天生桥一级水电站位于云贵高原红水河上游南盘江干流河段上，装机容量 1200MW。枢纽由拦河坝、溢洪道、放空隧洞、引水系统和主副厂房组成。混凝土面板堆石坝最大坝高 178m，坝体填筑量约 1770 万 m³。坝址处河谷开阔，枯水期水面宽 40～160m，水深 2～10m。左岸高程 660.00m 以下地形坡度 30°～35°，以上地形坡度约 25°；右岸高程 660.00m 以下地形坡度 25°～30°，以上地形坡度约 18°。

工程进行了多种导流度汛方案的比较，由于截流后第一个枯水期难以将坝体填筑到拦洪高程，而最终选用了过水围堰，坝体初期留缺口过流、后期坝体挡水的导流度汛方案。

大坝分期填筑及度汛计划如下：

1994 年截流后至 1995 年汛期，河床未开挖，1 号导流洞未投入使用，1995 年汛期由上下游围堰、基坑与 2 号导流隧洞联合过水，共过水 12 次，最大流量 4400m³/s。其中上游围堰安全度汛；下游围堰因二级水库运行水位与设计要求的保堰运行工况不同，造成了下游围堰坡脚冲刷，出现险情，经多次抢险补救，保证了安全。

1996 年汛期坝面过流与 1 号、2 号导流洞联合泄流，保护标准为 30 年一遇洪水。汛前，大坝两岸填筑到高程 660.00m，中部留宽 120m 的缺口泄流，缺口底高程 642.00m。缺口坝面用铅丝石笼保护，两侧坝坡用插入坝体的锚筋固定钢筋网保护。汛期共过水 7 次，最大一次过水流量约 1290m³/s，基本上没有破坏。汛期两岸继续填筑。汛后坝面淤积物平均厚 80cm，清淤工作量较大。

1996 年汛后至 1997 年汛前，大坝预留缺口采用临时断面填筑到高程 725.00m，达到拦挡 300 年一遇洪水标准，相应流量 17500m³/s，两条导流洞及放空洞泄流。1997 年初浇筑第一期混凝土面板，面板顶高程 680.00m。1997 年汛期继续填筑临时断面的下游坝体，并将上游部分加高到高程 735.00m。

1997 年汛后到 1998 年汛前，坝上游面填筑到高程 768.00m，拦挡 500 年一遇洪水，相应流量 18800m³/s，浇筑第二期混凝土面板，面板顶高程 746.00m。1997 年年底下闸蓄水，1998 年由放空洞及溢洪道过水度汛。

1998 年汛期到年底坝体填筑到高程 787.30m，并开始浇筑第三期混凝土面板。1998 年底第 1 台机组投产发电。

大坝分期填筑见图 2-3，过水保护结构见图 2-4。

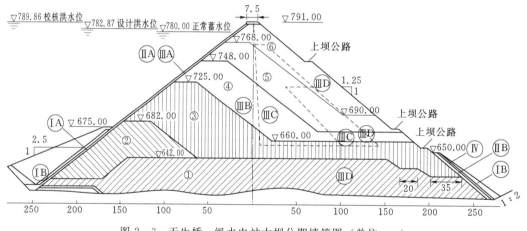

图 2-3　天生桥一级水电站大坝分期填筑图（单位：m）

F. 围堰挡水、基坑全年施工。此种方式是截流后第一年围堰全年挡水施工，第二年汛期坝体或坝体临时断面挡水度汛。国内外几个已建工程的应用情况如下：

a. 阿瓜密尔巴工程。阿瓜密尔巴混凝土面板堆石坝位于墨西哥西部的圣地亚哥河上，为坝高 187m 的混凝土面板砂砾石坝。泄流流量 14900m³/s，电站装机容量 960MW。

阿瓜密尔巴坝的导流设计流量为 6700m³/s，相当于开工前 47 年实测流量系列中的最大值。导流工程包括两条不衬砌隧洞，直径 16m，城门洞形断面。上游围堰高 55m。为截流后将围堰漫顶的风险减小到 1%，在上游围堰右岸基岩中开挖了一条导流明渠，渠底比堰顶低 10m，其过水能力为 800m³/s。在明渠内用天然砂砾石（最大粒径为 300mm）修建了一座高 9m 的自溃坝，以便在大洪水时自行溃决，使基坑充水以避免过水时上游围堰的冲刷破坏。阿瓜密尔巴坝及导流工程见图 2-5。

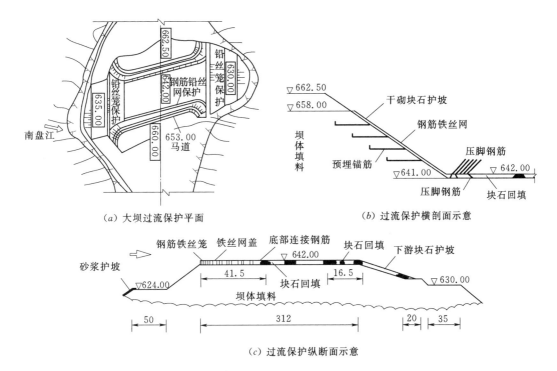

（a）大坝过流保护平面　　　　　　（b）过流保护横剖面示意

（c）过流保护纵断面示意

图 2-4　天生桥一级水电站坝面过水保护结构图（单位：m）

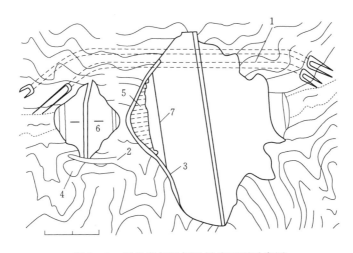

图 2-5　阿瓜密尔巴坝及导流工程示意图
1—导流隧洞；2—明渠；3—趾板；4—自溃堤；5—面板；
6—围堰；7—2 号材料高程（1992 年 1 月 18 日）

　　阿瓜密尔巴工程于 1990 年 3 月 19 日截流，8 月完成上游围堰，到 1992 年 1 月，大坝施工状况为：混凝土面板浇筑至高程 94.00m，由此向上到高程 120.00m 间，上游坡面用喷沥青乳剂防护，高程 120.00m 至坝体顶面高程 124.00m 之间仅用塑料布覆盖。

　　1992 年 1 月 16 日至 20 日发生第一场特大洪水，最大洪峰流量达 10800m³/s。在 18 日中午河水位几乎与围堰顶齐平，将自溃坝推开 1 个槽子，使河水夹带着自溃坝的材料，以 800m³/s 的流量进入基坑，约 50min 后充满基坑。19 日达到最高水位 123.60m，仅比当时堆石体顶面低几厘米，超过围堰顶 5m 多。河水进入基坑时还夹带大量树干枝杈，形成环流拖曳坝面，严重破坏了坝面的沥青保护层。

此时基坑内的水通过高程 94.00m 以上的砂砾石垫层、趾板最低部位的排水管及面板上的排水口进入坝体，使坝内水位升高，面板后水位达到 75.00m。

随后水位迅速下落至上游围堰顶以下，而基坑水位下降缓慢，最大水位差 23m，形成反向渗流，有集中渗漏，使地基发生渗透破坏，基坑内水位有突降，堰体先后发生 3 个陷穴。

此后，在 1 月 25 日又发生第二次大洪水，最大流量和最高水位分别达到 7700m³/s 和 112.40m，河水通过明渠第二次进入基坑。暴雨和第二次洪水使坝面更严重破坏，水更易进入坝体，因而面板后水位到达 78.00m。在退水过程中，堰体又发生第四个陷穴，其洪水期间基坑状况见图 2-6。

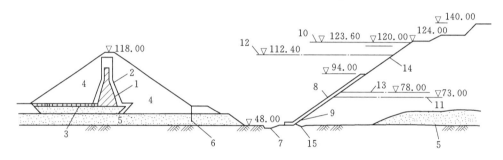

图 2-6　阿瓜密尔巴坝洪水期间基坑状况

1—压实黏土；2—砂子和砾石；3—水下抛填粉砂；4—堆石；5—天然冲积层；6—滞水截水墙；
7—抽水集水坑；8—混凝土面板；9—砾石排水（第 17、18 号面板）；10—第一次洪水期间
最高河水位；11—第一次洪水期间坝内最高水位；12—第二次洪水期间最高河水位；
13—第二次洪水期间坝内最高水位；14—上游坝坡；15—排水管

修复这两场洪水造成的破坏使工期推迟了 3 个月，不过并未影响开始蓄水时间。两次洪水都表明大坝有优良的变形和渗透特性，施工中的坝面虽遭到严重破坏，但从未出现结构稳定问题。设有自溃坝的导流明渠使围堰免遭漫顶破坏，也避免坝体的更严重破坏。

b. 辛戈坝。辛戈坝是巴西一座大型混凝土面板堆石坝，最大坝高 151m，坝顶长 850m，坝体填筑量 1250 万 m³，水库总库容 38 亿 m³，装机容量 5000MW，溢洪道高 42m，长 235m，泄洪流量 33000m³/s。

辛戈坝位于圣弗朗西斯科河上，河流的最大流量发生在 1 月、2 月、3 月，并延伸到 5 月，有时流量会超过 15000m³/s。截流后第一年采用 30 年一遇洪水的导流标准，相应流量为 10500m³/s。为此设置了四条不衬砌导流隧洞，洞径 16m，呈马蹄形，每条断面面积 228m²，相应上游围堰最大高度 50m。

由于全断面填筑工程量较大，在导流前阶段，相继进行了两岸坡段的堆石填筑。右岸坡堆石填筑至高程 118.00～120.00m，左岸坡填筑至高程 57.00m，坝中预留缺口。

导流后阶段分四期施工。一期施工（1991 年 6 月至 1992 年 5 月 31 日）有以下施工

内容：河床段趾板基岩开挖和下游坡碾压混凝土保护达到高程50.00m，1991年12月31日前完成；浇筑趾板混凝土，左岸堆石填筑达到高程118.00m，坝中堆石填筑达到47.00m；浇筑混凝土面板达到高程47.00m，1992年5月31日以前完成。其采用的临时过水断面见图2-7。采用碾压混凝土防护作为遭遇超标准洪水时坝面过水的防冲保护措施。

1992年3月圣弗朗西斯科河曾出现大洪水，坝址流量10600m³/s，超过设计导流标准流量10500m³/s，采取在高50m的围堰上临时加高1.5m（可拦挡11000m³/s的流量洪水）的措施，最后洪水并未漫过围堰，安全度汛。工程于1994年全部建成。

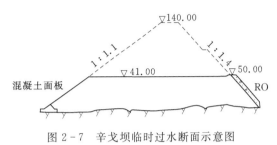

图2-7 辛戈坝临时过水断面示意图

（3）混凝土坝度汛。

1）混凝土坝度汛方案选择。根据施工总进度的安排并考虑工程特点，进行大坝施工各阶段防洪度汛方式选择、确定坝体拦洪高程、拦蓄库容以及根据施工组织设计规范选定相应的度汛洪水标准。混凝土坝工程的施工导流过程可分为初期导流和后期导流（含导流泄水建筑物封堵前及封堵后两个阶段），相应进行度汛方式选择。

A. 初期导流。采用围堰挡水，其度汛方式又可分为两种情况，即全年挡水围堰和枯水期挡水围堰。采用全年挡水围堰施工的工程，采取导流泄水建筑物（如底孔、闸孔、坝体缺口、明渠、隧洞等）过流与度汛；采用枯水期挡水围堰施工的工程，只拦挡枯水期一定标准流量，汛期采取堰顶过水或过水基坑与导流泄水建筑物联合过流度汛方式。

B. 后期导流

a. 后期导流Ⅰ阶段：坝体挡水至导流泄水建筑物封堵前。该阶段由坝体临时断面挡水，导流泄水建筑物与永久泄洪建筑物联合泄水度汛。如棉花滩水电站采取由坝体临时断面挡水，导流洞及泄水底孔联合泄流与度汛。

b. 后期导流Ⅱ阶段：是指导流泄水建筑物封堵后。该阶段内每月各种频率的洪水由永久泄水建筑物（如泄水底孔、泄水闸孔等）与泄洪建筑物（如泄洪隧洞、溢流堰、溢洪道等）下泄。

2）混凝土重力坝度汛。混凝土重力坝过水需进行相应计算，并注意坝面气蚀及坝下冲刷影响。对于分有纵缝的重力坝，若在纵缝进行接缝灌浆前过水或挡水，须对分仓柱状块的稳定和应力进行校核，在这种情况下，必须提出充分论证，采取相应措施，以消除应力恶化的影响。

A. 江垭水电站工程。湖南省慈利县江垭水电站工程位于澧水一级支流娄水中游，大坝为高128m的碾压混凝土重力坝，坝顶高程242.00m。工程导流采用河床一次拦断，隧洞泄流的导流方式，上游围堰堰顶高程153.00m。施工期总的防洪度汛原则是导流隧洞泄洪与坝面过水或大坝泄洪孔过流相结合。1996年年底坝体浇筑至高程130.00m，1997年大坝施工采用导流隧洞与坝体预留缺口联合泄流的度汛方案，设计推荐的度汛标准为50～100年一遇洪水重现期，推荐的坝体度汛形象见图2-8，相应的度汛水力学参数见表

2-6。两岸边坝段不过流，只作简单的防护措施就能保证岸坡的安全。

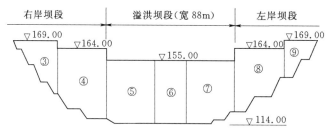

图 2-8 江垭水电站大坝坝体度汛形象图（推荐方案）

表 2-6　　　　　　　　　度 汛 水 力 学 参 数 表

洪水频率/%	流量 /(m³/s)	下泄流量 /(m³/s)	坝前水位 /m	下游水位 /m	坝前拦洪库容 /亿 m³	上、下游水位差 /m
1	9580	8860	169.0	144.3	1.67	24.7
2	8470	7973	168.1	143.2	1.60	24.9
5	7010	6125	165.9	140.6	1.40	25.3
10	5870	4800	164.0	138.4	1.23	25.6

B. 丹江口水利枢纽工程。丹江口水利枢纽位于湖北省均县境内，地处丹江与汉江汇合口下游 0.5km。枢纽由混凝土坝、两岸土石坝、水电站厂房、升船机和上游距坝址 30km 的两座引水灌溉渠首组成。混凝土坝坝型为宽缝重力坝共分 57 个坝段，全长 1141m，最大坝高 97m，坝顶高程 162.00m。

工程分两期导流，一期先围右河床，由高围堰系统保护右岸基坑安全度汛；二期围左河床，枯水期由右岸导流底孔泄流，汛期由导流底孔和右岸缺口联合泄流。二期工程主要由导流底孔和坝体缺口度汛，1967 年、1968 年度汛方案见表 2-7。

表 2-7　　　　　　　　　1967 年、1968 年度汛方案表

项	目	1967 年度汛方案	1968 年度汛方案
泄水条件	14～17 坝段	缺口泄流，底部高程为 126.00m	134.00m（缺口底部高程）
	8～13 坝段	2×150.50m、4×130.00m（缺口底部高程）	12 个深孔
	导流底孔/个	7.5	已于 1967 年封堵
	深孔/个	12	12
汛期水位	0.5%频率/m	139.10	
	1%频率/m	137.70	
	2%频率/m	136.10	
	防洪下限水位		

C. 万家寨水利枢纽工程。万家寨水利枢纽地处黄河中游上段晋蒙交界的峡谷段内，混凝土重力坝坝顶长 438m，分 21 个坝段，坝顶高程 982.00m，最大坝高 105m，泄水建筑物设有 8 个 4m×6m 底孔，4 个 4m×8m 中孔，1 个 14m×10m 表孔，坝后采用长护坦挑流消能。水电站坝段位于河床右侧，安装 6 台单机为 180MW 混流式机组。

枢纽采用分期导流方式。第一期先围左岸 1~11 号坝段，河水由右岸束窄河床下泄，第一期先修建泄水建筑物坝段，在 6~10 号坝段预留 5 个 9.5m×9m 的临时导流底孔，临时导流底孔底板高程 899.00m，顶板高程 908.00m；在 4 号、5 号坝段预留 38m 的临时导流缺口，缺口底高程 910.00m。第二期围右岸厂房坝段，修建水电站坝段和发电厂房，河水改由左岸泄水坝段的临时导流缺口和底孔宣泄，其导流与度汛标准见表 2-8。

表 2-8　　　　　　　　万家寨水利枢纽工程导流与度汛标准表

导流时段/(年.月)	挡水建筑物	标准 P/%	设计流量/(m³/s)
1994.11—1995.6	一期低围堰	5	3600
1995.7—1995.10	一期高围堰	5	8350
1995.11—1997.6	二期高围堰	5	8350
1997.7—1997.10	坝体	2	10300
1998.7—1998.10	坝体	1	11700

1994 年 11 月初开始填筑一期低围堰，1995 年 2 月底一期低围堰填筑至设计高程，具备拦挡 3—4 月凌汛的条件。在一期低围堰保护下，进行左岸基坑开挖、1~11 号坝段混凝土浇筑，同时施工一期高横向围堰和混凝土纵向围堰，1995 年 6 月底以前将一期高横向围堰、混凝土纵向围堰施工至设计高程，具备拦挡 20 年一遇全年洪水的条件，汛期连续施工 1~11 号坝段，形成导流底孔和缺口，为二期截流创造条件。1995 年 11 月进行二期截流，1996 年 5 月开始浇筑右岸坝段混凝土。1997 年 6 月底坝体升至初期度汛高程。1998 年 1 月封堵 6~8 号坝段 3 个临时导流底孔，同年 7—10 月坝体进入后期度汛，11 月初下闸封堵 9~10 号坝段临时导流底孔，水库开始蓄水，年底大坝与厂房混凝土工程全部浇筑到设计高程，第一台机组发电。

3）混凝土拱坝度汛。拱坝体形单薄，单坝段难以承受较大的水压力，主要靠拱冠传力至两岸拱座。拱坝度汛时要求：①拱坝一般不宜过水，大部分高拱坝均采取在全年挡水围堰的保护下施工，如二滩水电站、小湾水电站、构皮滩水电站等；②若过水，须注意未形成拱时的坝块稳定性，尽量使坝体成拱后过水；③坝体均衡上升，不宜留较深的缺口度汛泄洪；④必须过水时，做好过流面过水保护，以防冲坏坝面、冲断钢筋和损坏止水等；⑤防止过水时产生冷击应力；⑥当拱坝横缝或纵缝尚未完成接缝灌浆而需拦洪度汛时，必须进行专门论证。

A. 隔河岩水利枢纽工程。隔河岩水利枢纽是清江梯级开发的第一期工程，坝址位于湖北省长阳县境内，枢纽由大坝、引水式电站厂房和升船机三大建筑物组成。大坝为混凝土重力拱坝，最大坝高 151m，坝顶高程 206.00m，全长 653.5m，溢流坝段前缘长 156m，布置了 7 个表孔，4 个深孔和 2 个底孔。表孔宽 12m，高 18.2m，为实用溢流堰，堰顶高程 181.80m；深孔进口高程 134.00m，底孔进口高程 95.00m，每孔尺寸均为宽 4.5m，高 6.5m。

工程施工采用河床一次拦断、隧洞泄流的导流方式，11 月至次年 4 月围堰挡水标准为 20 年一遇洪水流量 3000m³/s。

导流分为初期和后期导流两个阶段。初期导流阶段，枯水期用围堰挡水，导流隧洞泄流；汛期围堰过水与导流隧洞联合泄洪，度汛流量标准采用全年 20 年一遇洪水。后期导流阶段，枯水期用已浇筑混凝土的坝体挡水，坝体底孔和深孔泄流；汛期用已浇筑混凝土的溢流坝预留缺口与底孔、深孔联合泄流，度汛流量标准按 100 年一遇洪水设计，200 年一遇洪水校核。

大坝施工期 4 年共过水 21 次（见表 2-9），最大洪水流量 10700m³/s，接近 10 年一遇洪水，均实现安全度汛。

表 2-9　　　　　　　　　隔河岩水电站大坝施工期过水次数及时间表

时间/年	洪水出现次数/次		最大流量 /(m³/s)	围堰过水日期	
	>3000m³/s	>3500m³/s		第一次过水	最后一次过水
1988	5	3	7300	5 月 22 日	6 月 22 日
1989	10	9	10600	4 月 12 日	10 月 27 日
1990	7	3	10700	5 月 16 日	7 月 19 日
1991	7	6	9000	4 月 17 日	8 月 6 日

B. 乌江渡水电站工程。乌江渡水电站为拱形重力坝，其施工期历年度汛设计洪水标准见表 2-10。

表 2-10　　　　　　　　乌江渡大坝施工期历年度汛设计洪水标准

时间 /年	坝高 /m	拦洪库容 /(×10⁸m³)	设计洪水		实际最大流量 /(m³/s)	泄　洪　方　式
			重现期 /年	流量 /(m³/s)		
1976	36	0.1	20	11000	7450	导流隧洞，坝体缺口
1977	36~39	0.18	20	11000	5505	导流隧洞，底孔，缺口
1978	57~60	0.73	20	11000	6174	底孔，放空洞，缺口
1979	90	2.9	50	13000	3129	底孔，放空洞，泄洪洞，缺口
1980	126	9.2	100	14600	6470	放空洞，泄洪洞，中孔、缺口，引水钢管
1981	157	20	200	16100	2000	泄洪洞，滑雪道式溢洪道，引水钢管

注　1982 年乌江渡水电站已进入发电、收尾阶段，加之坝高、库大，规定度汛标准为 500 年一遇。

4）支墩坝度汛。支墩坝包括平板坝、大头坝及连拱坝，共同特点是由挡水板和支墩组成。支墩坝的非实体结构在封腔前不宜过流，如必须过流，则应采取临时封腔或腔内充水等措施。封腔后支墩坝过水时，应充分重视支墩的侧向稳定，并在施工过程中注意：缺口的形式与布置，应使支墩两侧水位保持平衡，避免产生过大侧压力；当下游水深较浅时，需注意水流对支墩间基础的冲刷；可在支墩间盖上混凝土预制板，以顺水流。

A. 桓仁水电站工程。辽宁省桓仁水电站位于鸭绿江右岸最大支流的浑江中游，坝高 78.5m，为单支墩重力撑墙坝，装机容量 222.5MW。工程于 1958 年 8 月开工，先后进行了两次截流，第一次截流在 1958 年 12 月 30 日，第二次截流在 1959 年 12 月 5 日。

选择梳齿底孔组合导流方案，即利用早期在右岸修建的约 270m 长的混凝土围堰，在旧混凝土围堰内施工，先浇筑 9~15 号坝段混凝土（后因进度拖后，实际只用 9~13 号坝段，就满足了过水要求），形成梳齿。然后在左岸截流，将江水导向梳齿段，汛后形成底孔（16～24号坝段）。在梳齿段截流，再将江水导向底孔，汛期利用导流底孔泄洪。

坝体施工及导流程序共分为四期。

a. 第一期（1958年4—12月）。利用右岸一期旧混凝土围堰，1958年5月开始在一期围堰内进行1～15号坝段基坑开挖及9～15号坝段混凝土浇筑，形成导流梳齿，江水由左岸河床宣泄。

上游围堰顶高程252.90m，下游围堰顶高程248.50m。梳齿段支墩春汛前要求浇至高程246.00m（春汛 $P=5\%$，$Q=856\text{m}^3/\text{s}$，水位246.00m），上、下游大头浇至高程239.00m，同时，在上、下游的左右两侧分别修建纵向挡水墙与9号及15号坝段相连，形成过水通路。

为尽早在左岸截流，给左岸施工创造条件，集中力量进行梳齿坝段坝基开挖和混凝土浇筑。

1958年10月流量减小后，左岸上游围堰基础露出水面，进行了左岸二期围堰加高，并在下游修建部分土石围堰。

b. 第二期（1958年12月30日至1959年12月5日）。1958年12月在左岸上游进行截流，12月30日左岸截流闭气，江水由左岸导向右岸梳齿，右岸继续浇筑混凝土，同时开始开挖左岸基坑和浇筑坝体混凝土。

1959年汛前要求坝体上游面浇至高程270.00m（$P=1\%$，最高水位267.80m），同时形成8个导流底孔。实际在1959年7月左岸坝体只浇筑到高程245.00m，底孔也未形成，右岸1～9号坝段只上升到高程254.00m，因此，决定保右岸（1～9号坝段）。按 $P=1\%$ 标准，左岸上游围堰由原高程249.20m拆除至245.00m，右岸上游围堰由高程252.00m加高至254.00m，纵向导墙也随之加高加固。8月初遭遇4760m³/s的洪水（相当于 $P=5\%$），保全了右岸，洪水漫过左岸上游混凝土围堰，围堰局部被折断，下游土石围堰局部冲毁，汛后恢复了左岸上、下游围堰，底孔继续施工，到11月8个底孔才全部形成。

c. 第三期（1959年12月5日至1961年12月）。1959年12月5日拆除底孔上游围堰，9～15号坝段梳齿开始泄流，江水由右岸梳齿又导向左岸底孔宣泄。

大坝合龙后，利用坝体挡水，底孔导流，坝体混凝土开始全面升高。1960年汛前迎水面混凝土最高浇筑至高程276.00m，25～29号坝段平均上升至高程254.00m，8月初经历一次特大洪水，25坝段以左坝体过水。到1961年汛前一般坝段升至高程282.00m，25～29号坝段平均上升至高程265.00m，形成左岸缺口，准备度汛泄洪，但因1961年洪水不大，坝体未过流。

d. 第四期（1961年12月至1967年7月蓄水）。底孔导流后，1962年汛前在左岸26～30号坝段高程275.00m预留泄洪缺口，过水宽度80m，在汛期与孔联合泄流。

B. 柘溪水电站工程。柘溪水电站位于资水中游的湖南省安化县境内，工程由拦河大坝、引水系统、发电厂房、开关站及过坝航运建筑物组成。大坝坝顶全长326m，坝顶高程174.00m，由溢流坝段的单支墩大头坝和非溢流坝段的宽缝重力坝组成。水电站厂房位于大坝下游右岸山坡下，为地面封闭式，总装机容量447.5MW。

工程施工导流分为三个阶段：1958年7月至1959年8月为导流工程施工期，1959年

9月至1961年1月为大坝浇筑高出水面及上升期，1961年2月以后为水库蓄水至工程完建期。

1960年汛期利用梳齿缺口导流度汛，采用头部进水的布置，但缺口必须对称布置，并保持缺口底部高程相同，使支墩两侧水位基本平衡。

1961年2月上旬，大坝已浇至高程142.00m以上，达到蓄水高程。由于导流底孔已于1960年12月封堵，而此时5～6号支墩挑流鼻坎尚未形成。春汛来临时，采用6号引水洞与坝顶梳齿导流相结合的方式度汛。

度汛后检查认为，头部气蚀不严重，取得了良好的效果（见图2-9）。

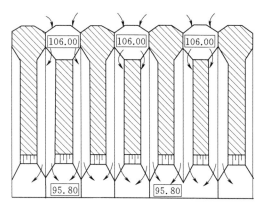

图2-9　柘溪大头坝度汛布置图

5）空腹坝度汛。空腹坝应针对封顶前、后两个阶段分别进行度汛规划，提出相应的度汛方案和措施。应尽量避免部分空腔已封顶、部分还没有封顶的情况下过水，如必须在这种情况下过水时，应特别慎重，需有可靠的安全措施，如临时封腔或腔内充水等措施，保证坝体安全。

在空腔封顶前过水时，需对前、后腿的稳定和应力进行验算，并考虑对空腔基础可能引起的冲刷破坏，必要时采取适当防护措施。在空腔封顶后过水时，顶部混凝土要有一定的厚度。空腔内设有厂房时，空腔封顶前不宜过水。

凤滩水电站位于湖南省沅陵县境沅水支流酉水上。空腹重力拱坝坝顶弧长488m，坝顶高程211.50m。最大坝高112.5m，坝体混凝土量108.2万 m^3；空腹最大高度40.1m，使用宽度20.5m，有效空腹容积18.4万 m^3。大坝左岸1～7号坝段、右岸21～29号坝段为非溢流坝段，8～20号坝段为溢流坝段，其中8～12号坝段为引水厂房坝段。空腹内左侧为主厂房及空调室，装机容量为4台100MW的水轮发电机组。

1970年10月1日开始右岸基坑及导流底孔进出口的开挖，1971年3月开始浇筑坝体混凝土，1978年5月1日第一台机组发电。

酉水流域洪水峰高量大，陡涨陡落。实测最大流量为16900 m^3/s，最小流量40 m^3/s，相应水位变幅22m。11月至次年3月为枯水期，5—8月为汛期。导流方式为分期导流。

一期围右岸礁滩，采用浆砌石围堰，堰顶高程121.00m。在13～16号坝段内，设置三个宽6m、高10m的城门洞形底孔，通过空腹段预埋涵管导流。导流标准为11月至次年3月时段内5年一遇流量2000 m^3/s；后来将导流标准降为2年一遇流量800 m^3/s，空腹段涵管改为明渠，堰顶高程降为118.00m。1970年10月1日至1971年2月底，完成13～16坝段前后腿及空腹段的开挖，1971年7月底前将坝体混凝土浇至高程121.00m，形成三个导流底孔及其在空腹内的侧墙。

二期围左岸，上游采用混凝土拱围堰，堰顶高程124.00m，由右岸导流底孔泄流。1971年11月16—25日截流，但由于距汛前时间短，上游拱围堰在汛前难以完成，被迫抢修 9～12 号坝段 4 个进水口拦砂管至高程 118.00m，以代替上游围堰，可挡 1—2 月的 2 年一遇标准流量 200m³/s。1972 年 3 月，一场洪水将左岸上游混凝土拱围堰基础内砂砾石严重掏空，导致拱围堰中段溃决，基坑淹没，整个汛期内左岸基坑全部停工。1972 年汛后修复拱围堰后，进行左岸基坑开挖，年底开始浇筑左岸坝体混凝土。1973 年汛前左岸坝体上升至高程 126.00m（超出上游围堰顶 2m），挡水流量标准可达 1000m³/s。

从 1973 年汛期开始，直到 1978 年蓄水发电，经历了 6 个汛期，过水 64 次，总过水历时 5706h。1973 年汛期由高程 126.00m、宽度 96m 的坝体缺口与导流底孔联合度汛，过水次数达 18 次，上游最高水位 134.97m，水头差 8.97m。1974 年汛前全线完成空腹封顶并浇至高程 143.00m 以上，汛期坝面过水共计 289h，最大流量 8230m³/s。1975 年汛期度汛断面同 1974 年，坝体过水 6 次，导流底孔最大泄量 2610m³/s。1976 年坝体度汛缺口高程 150.00m。1977 年坝体度汛缺口高程 156.00m，坝身缺口最大泄量 6250m³/s，上游水位 169.86m，下游水位 126.00m（水头差 43.86m）。1978 年度汛缺口高程 170.00m，宽 116m，过水历时 1885h，汛期最大流量 5070m³/s。1974 年度汛断面见图 2－10。

凤滩水电站的导流与度汛有成功的经验也有失败的教训。值得吸取的教训有：①随意降低导流标准，缩短了有效施工工期，造成欲速则不达的结果；②贸然提前截流，造成 3 次截流失败，导致上游围堰溃决，贻误了战机。上述原因，至少耽误工期 1.5～2.0 年，从而增加了施工度汛的难度。

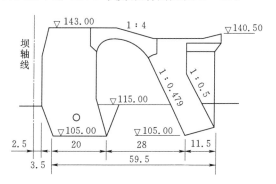

图 2－10　凤滩水电站空腹坝
1974 年度汛断面图（单位：m）

2.2.2　水电站厂房度汛

（1）各型水电站厂房度汛方式。水电站厂房施工期一般不宜过流，经论证需要过流时，应采取措施使发电期限不受影响，并应进行水工模型试验，确定过流方式、泄流能力及采取的防护措施。

引水式地下厂房和明厂房一般均与大坝分开布置，施工互不干扰，厂房施工受洪水和施工期度汛影响小，且设置尾水或厂房全年挡水围堰，保护厂房全年施工。

坝内式厂房在封腔前不宜过流，如必须过流，应采取临时封腔或腔内流水等措施。厂房如果布置在河床的一侧，而另一侧为实体坝时，应优先安排厂房坝段上升，以实体坝段作为度汛过水坝段。

溢流式厂房在溢流面板形成前，不宜过流。因此，应做好进度安排，度汛过水前或在导流底孔（或隧洞）封堵后的下一个汛期可能过水前一个月完成溢流面板。

河床式或坝后式水电站，可采用坝体挡水，利用未建成的厂房机组段或尾水管泄流。厂房在尾水管以上部分未修建时，一般不允许过水，必须过水时，应将锥形管口用盖板临时封盖，以免过水时水流混乱。有时为了利用尾水闸墩挡水，将尾水闸门放下代替围堰。尾水闸墩上一般不宜过水，因此时水流极为混乱，若必须过水时，需特别慎重，对尾水墩的稳定和结构物的局部破坏都必须充分研究，并通过水工模型试验论证。未完建的河床式厂房度汛,应核算整体稳定和局部结构强度。

(2) 水电站厂房度汛实例。

A. 隔河岩水电站引水式厂房布置在右岸,采用隧洞引水,4条直径9.5m隧洞下接直径8m的压力钢管,单机单洞,总装机容量1200MW,年发电量30.4亿kW·h。厂房围堰用于保护厂房及尾水渠施工,该围堰为Ⅳ级临时建筑物,全年挡水,其挡水流量标准为20年一遇洪水流量13700m³/s,相应水位94.00m。围堰轴线长360m,堰顶高程95.00m,顶宽10m,最大高度20m。设计洪水流量时,坡脚处流速4~6m/s,采取防冲保护措施,高程82.00m处设置宽10m的防冲堆石体。

B. 乌江渡水电站坝后式厂房于1978年过水,其度汛断面见图2-11。

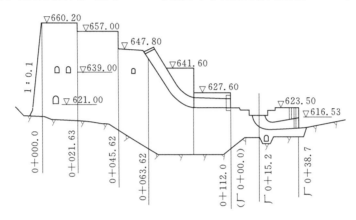

图2-11 乌江渡水电站1978年厂房过水度汛断面图(单位:m)

2.2.3 通航建筑物度汛

船闸或升船机等通航建筑物的度汛,闸首部分一般与所在坝段的要求一致,尽量利用进水口闸门提前挡水度汛。闸室或升船机室部分初期一般可以过水,但应避免水流直接冲刷其底板和侧墙。当闸室或升船机室部分上升到一定高度时,闸室或升船机室内一般在进行金属结构和机电设备安装,不宜进水,可在下闸首安装叠梁门等进行临时挡水度汛。

(1) 隔河岩水电站升船机。清江隔河岩水电站升船机位于左岸,为两级垂直升船机。两级升船机的最大提升高度分别为42m和82m,设计最大过坝船只为300t级,过坝方式为分节驳单驳湿运过坝。升船机主要由上游引航道、第一级垂直升船机、中间渠道明渠段、中间渠道渡槽段、第二级垂直升船机、下游引航道以及上、下游锚地等组成。

第一级垂直升船机位于拱坝重力墩左侧的27号坝段,建筑物包括上闸首、升船机室和下闸首三部分,总长69.5m。与度汛有关的建筑物为上闸首部分,其顺流向长16.0m,宽34m,能适应最低通航水位至最高通航水位(160.00~202.00m)的水位变化,并能抵御高程205.00m的校核洪水。

第二级垂直升船机位于晒谷坪滩地上。主要建筑物由上闸首、机室和下闸首三部分组成,与度汛有关的建筑物为升船机室和下闸首。升船机室为整体式带肋筏式基础,建基面高程64.00m,底板平面尺寸61.8m×37.6m。下闸首长5.9m,通航槽宽10.2m,底板高程76.00m,顶部高程84.00m,两侧边墩宽均为2.7m,闸首布置有工作门和检修门,在结构上与筒体基础联成一体。

第一级升船机上闸首与坝体一起上升。施工过程中，坝体由河床部位的缺口过水度汛，而上闸首位于左岸坡段，不过水。上闸首形成后，即由工作门挡水度汛。

第二级垂直升船机在晒谷坪滩地槽挖而成，外侧高程较高。初期浇筑完底板后，停工缓建，受水浸泡，无水冲刷。两年后复建，在升船机室安装承船厢等金属结构及机电设备时，为防止洪水从下闸首进入升船机室底板，将下闸首工作门投入使用挡水度汛。

（2）高坝洲水电站升船机。位于湖北省宜昌市宜都市境内的高坝洲水电站枢纽布置从左至右依次为：左岸非溢流坝段、电站厂房坝段、深孔坝段、纵堰坝身段、表孔坝段、升船机挡水坝段及右岸非溢流坝段。其中，通航建筑物为 $1 \times 300t$ 单驳的一级垂直升船机，自上游至下游为上游引航道及锚地、升船机挡水坝段、钢渡槽、升船机室、下游引航道等建筑，升船机线路总长 1253.3m。

上闸首工程包括 20 号坝段（挡水坝段）的通航槽、渡槽和上闸首。20 号坝段基底沿升船机轴线方向长 32.25m，在高程 76.00m 设宽度为 10.2m 的通航槽。

升船机承重结构形式为钢筋混凝土全筒结构。从下至上依次为机室底板、筒身和上部机房。机室底板平面尺寸为 56.3m×39.6m，机室平面尺寸为 50.3m×16.0m，底板为 4.0m 厚的混凝土实体结构，建基面高程 29.00m，顶面高程 33.00m。升船机室上部是主机房，平面高程 90.00m，提升主机由 4 台卷扬机和 8 组导向滑轮组成。升船机室下部为承船厢室，是承船厢载运船只上、下运行空间，满足 40m 的升程及 8.0m 通航净空的要求。

下闸首全长 23.9m，距上游端 1.4m 布置有 3.9m 宽的工作门门槽，距下闸首下游面 7.8m 布置有 1.1m 宽的检修门门槽，两门槽间距 9.0m。

上闸首位于左非 20 号坝段，其形成前的度汛标准与该坝段一致，二期工程截流后的第一个汛期由表孔坝段溢流，非溢流坝段不过水；第二汛前，左非坝段已到坝顶，工作门可投入使用，挡水度汛。

升船机室利用一个枯水期浇筑底板和侧墙。枯水期由深孔坝段泄水，因有导墙相隔，不会冲刷升船机室右导墙。汛前在下闸首安装了叠梁门，以防洪水冲入闸室内。

2.2.4 导流泄水建筑物度汛

（1）导流明渠。在水利水电工程中，如坝址河床较窄，或河床覆盖层很深，分期导流困难，且具备下列条件之一者，可考虑采用明渠导流度汛：①河床一岸有较宽的台地、垭口或古河道；②导流泄洪流量大，地质条件不适于开挖导流隧洞；③施工期无通航、排冰、过木要求；④施工工期紧，不具备洞挖经验和设备。

导流明渠度汛分为施工期不过流和完建后过流泄洪两种度汛方式。导流明渠施工完成前，由明渠进出口围堰挡水，原河床泄洪度汛，明渠不过流；导流明渠施工完成后，由河床围堰或坝体挡水度汛，导流明渠单独或参与泄洪度汛。

导流明渠施工完成前，为保证汛期明渠安全施工，应采取以下防护措施：①对明渠进出口围堰进行复核，必要时可对围堰进行加高加固，以防汛期洪水漫顶；同时汛期应安排专人对进水口处围堰水位、渗漏、沉陷变形、裂缝等情况进行跟踪观察，发现问题及时制定针对性措施处理，确保汛期围堰稳定及明渠基坑施工安全；②对明渠沿线防洪堤进行检查，对薄弱段进行修整、加高加固，并对马道边坡坡顶做倒坡处理；同时跟踪检查明渠护坡石笼、底部石笼以及明渠漏水、排水等情况，保证明渠两侧岸坡安全稳定；③根据地形沿渠线，对汇入明渠基坑内的洪水采取导流、排洪相结合的处理原则形成防洪系统；并在汛前对明渠沿线纳洪口、排洪涵洞、排洪渠进行清理、疏通，确保洪水通畅；④雨季施工前，对施工场地原有排水系统进行检查，必要时增设排水设施，保证水流畅通。在施工场地周围结合永久结构物加设截水沟，防止地表水流入场内；⑤对施工区内及施工道路附近地形地貌进行普查，对暴雨时有可能发生塌方及泥石流的地方进行及时处理，保证运输及防洪抢险道路的畅通。

导流明渠过流后，为顺利实现明渠安全泄洪度汛，必须保证明渠防冲保护结构安全可靠，目前，我国水利水电工程中常用的导流明渠衬护结构主要有混凝土衬护、抛石衬护、砌石护坡等。

1）混凝土衬护。

A. 形式及使用范围。根据工程地质、施工条件及防冲要求，混凝土衬护形式可分为现浇混凝土板、预制混凝土块、喷射混凝土、模袋混凝土等。

一般而言，除模袋混凝土外，混凝土衬护适用于具备干地施工条件，且渠内流速较高的明渠。对于大型渠道，一般采用现浇混凝土板衬护（或钢筋混凝土）。预制混凝土护坡一般适用于流速不大且块石料短缺的小型渠道。喷射混凝土作为渠道衬砌，具有强度高、厚度薄、抗冻性及防渗性好、施工方便快速等优点，且可根据地质条件，采用挂网喷护、喷锚结合等方式综合处理渠坡稳定与明渠防冲。模袋混凝土适用于不具备干地施工条件，且施工期渠内流速较小的明渠。

B. 衬砌厚度确定。衬砌厚度一般为：水泥砂浆抹面 5~12cm；钢筋混凝土 20~50cm；喷水泥砂浆 3~10cm；喷射混凝土 5~15cm；预制混凝土块一般厚度 5~15cm；模袋混凝土一般厚度 30~50cm。

对于高流速渠道，其混凝土衬砌厚度可按以下方法计算。

a. 采用桥渡冲刷的防护计算式（2-1）、式（2-2）：

$$t = \frac{P_1 + P_2}{\gamma_s - \gamma_w} \qquad (2-1)$$

其中

$$P_1 = \eta \mu_c \frac{v^2}{2g} \gamma_w, P_2 = 0.25 P_{bt} v^2 \gamma_w \qquad (2-2)$$

式中　η——与结构特性有关的系数，光滑连续护面 $\eta = 1.1~1.2$，由单个小构件组成的护面 $\eta = 1.5~1.6$；

μ_c——试验参数，光滑连续护面 $\mu_c = 0.3$，透水护面 $\mu_c = 1.1$；

γ_s、γ_w——护面材料和水的密度，kg/m^3；

g——重力加速度，m/s^2；

v——计算水流流速，m/s；

P_{bt}——不同水流流态时，水流对护面产生的上举力。水流平顺，不脱离建筑物，$P_{bt} = 0~0.5kPa$；水流不平顺，脱离建筑物形成漩涡，$P_{bt} = 0.5~0.8kPa$；水流对冲建筑物（交角成 $90°$），引起水流分离，$P_{bt} = 0.8~3.0kPa$。

b. 采用护坡面板厚度计算式（2-3）：

$$t = \frac{k\delta A}{(\gamma_s - \gamma_w)\cos\alpha}\left(2h + \frac{v^2}{2g}\right) \tag{2-3}$$

式中　k——安全系数，取为 1.1～1.25；

　　　δ——面板形状系数，混凝土取 1.0，浆砌石 1.15，干砌石 1.30；

　　　A——试验参数，混凝土 0.16，浆砌石、干砌石 0.178；

　　　$2h$——波浪高度，m；

　　　α——岸坡坡角，(°)。

C. 底板厚度计算。底板形式一般为分离式结构。衬砌材料根据地质条件及抗冲要求确定，以混凝土或钢筋混凝土居多。

当上浮力较大时，常用锚杆锚固。分离式底板的设计，主要应考虑在浮托力、渗透压力和脉动压力作用下不被掀起。明渠底坡一般较缓，可按平底考虑。粗略估算时可取单位面积上力的平衡条件来分析，不考虑四周的嵌固作用，底板厚度 t 可按式（2-4）计算：

$$t \geqslant K\frac{u + A - P}{\gamma_s} \tag{2-4}$$

式中　K——安全系数，一般取 1.2～1.4；

　　　γ_s——混凝土密度，kg/m^3；

　　　A——脉动压力，kg/m^2；

　　　P——动水压力，无试验资料时可近似按该处水深计，kg/m^2；

　　　u——扬压力，包括浮托力和渗透压力，kg/m^2。

脉动压力 A 与流速及面板粗糙程度有关，其方向上下交替变化，可按式（2-5）估算：

$$A = \pm a_m\frac{\alpha v^2}{2g} \tag{2-5}$$

式中　a_m——脉动压力系数，一般取 1%～2%；

　　　α——动能修正系数，一般取 1.05～1.10；

　　　v——水流流速，m/s；

　　　g——重力加速度，m/s^2。

其他符号意义同前。

底板采用锚杆时，其厚度可按式（2-6）计算：

$$\delta \geqslant \frac{(u + A - P) - (\gamma_b - 1)T}{\gamma_s}K \tag{2-6}$$

式中　γ_b、γ_s——岩石和混凝土的密度，kg/m^3；

　　　　T——锚固岩层的计算深度，m；

其他符号意义同前。

锚杆直径一般用 22～25mm，间距 1.0～3.0m，插入基岩深度 1.5～3.0m。假定锚杆被拔起时岩石底部呈 90°锥体破坏，锚杆埋入基岩的长度 l 为

$$l = T + \frac{b}{4} + 30d \tag{2-7}$$

式中　l——锚杆埋入基岩的长度，m；

d、b——锚杆直径和间距，m；

其他符号意义同前。

2）抛石衬护。抛石衬护具有机械化施工程度高、施工迅速简单，能充分适应基础变形等优点。适用于软弱地基且石料料源充足地段，特别适用于需水下施工部位。为减小渠道糙率，可对抛石面进行适当整理，使其表面平整。

抛石粒径计算方法如下：

A. 莫夫公式：

$$v = 1.47\sqrt{gd}\left(\frac{h}{d}\right)^{1/6} \tag{2-8}$$

式中　v——水流流速，m/s；

　　　d——块石直径，m；

　　　h——水深，m；

　　　g——重力加速度，m/s²。

B. 兹巴什公式：

$$D = 0.7\frac{v^2}{2g\dfrac{\gamma_s - \gamma_w}{\gamma_w}} \tag{2-9}$$

式中　D——块石直径，m；

　　　v——水流流速，m/s；

　　　γ_s——块石密度，t/m³；

　　　γ_w——水的密度，t/m³。

抛石护坡厚度一般按 2～4 倍抛石计算粒径确定，对于基础可能冲刷深度较大的部位，抛石体厚度还需通过冲刷坑计算或经动床模型试验确定。

3）砌石护坡。砌石结构主要包括干砌石和浆砌石两类，是一种常见的边坡防护结构，具有可充分利用当地材料、保护岸线平顺等优点。砌石护坡厚度可按下列公式计算。

A. 砌块石护坡厚度计算式（2-10）：

$$t = \frac{k\delta A}{(\gamma_s - \gamma_w)\cos\alpha}\left(2h + \frac{v^2}{2g}\right) \tag{2-10}$$

式中　t——砌块石护坡厚度，m；

　　　k——安全系数，取为 1.1～1.25；

　　　δ——面板形状系数，1.30；

　　　A——试验参数，0.178；

　　　$2h$——波浪高度，m；

　　　α——岸坡坡角；

其他符号意义同前。

B. 砌片石护坡厚度计算式（2-11）、式（2-12）：

$$\delta = \frac{P_{sj}}{(\gamma_s - \gamma_w)\cos\alpha} \tag{2-11}$$

式中　δ——浆砌片石护坡厚度，m；

γ_s——浆砌片石坞工的密度，kg/m^3；

γ——水的密度，kg/m^3；

α——护面斜坡与坡脚处水平线的夹角，$(°)$；

P_{sj}——水流作用于护坡的上举力，kg/m^2。

$$P_{sj} = \eta\mu\gamma_w \frac{\overline{v}^2}{2g} \qquad (2-12)$$

式中 η——与护面结构有关的系数，可按光滑连续护面选用，取 $1\sim1.2$；

μ——与护面透水性有关的系数，可按连续不透水护面选用，取 $\mu=0.3$；

$\overline{v}$——行近水流的平均流速，m/s；

g——重力加速度，m/s^2；

其他符号意义同前。

（2）导流隧洞。导流隧洞度汛方式多用于河谷狭窄、两岸地形陡峻、山岩坚硬的山区河流，一般分为施工期不过流和完工后过流泄洪两种度汛方式。导流隧洞施工期间，进出口一般布置有围堰，由隧洞进出口围堰挡水，原河床泄洪度汛，导流隧洞不过流；导流隧洞施工完成后，拆除隧洞进出口围堰，由河床围堰或坝体挡水度汛，导流隧洞单独或参与泄洪度汛。

1）导流隧洞施工期度汛。导流隧洞完工前，由原河床过流度汛，为保证汛期导流隧洞安全施工，通常采取以下防护措施：

A. 为及时了解洞内、进出口边坡在汛期的稳定情况，在隧洞进出口明挖边坡、洞内岩体较为破碎部位布置收敛变形观测点，采用仪器定期进行观测，及时了解围岩的变形情况，保证洞身围岩及明挖边坡稳定。

B. 为保证隧洞进出口安全度汛，隧洞进出口按设计要求完成开挖区外侧截、排水系统施工，并保证截、排水系统的畅通。同时，隧洞进口储备黏土和编织袋，一旦发生超标准洪水马上采用编织袋装黏土做挡水坎，防止洪水灌入洞内。

C. 洞内积水（施工用水、围岩渗水）应进行专门引排，引排设备完好，设施完善，保证洞内排水畅通。进口方向排水可采用集中抽排的方式，隧洞内每隔一定距离（100～200m）设置集水井，配置污水泵、离心泵，以保证排水畅通。出口方向排水采用排水沟自流的方式，定期检查排水沟，防止堵塞。

D. 汛期需充分做好隧洞进出口边坡施工排水和防止山体滚石等工作。进出口边坡顶部的排水沟和截水沟在汛前全部形成，汛期及时疏通，保证排水畅通。为了防止山体滚石，可设置防护网、防护墙。

E. 对穿越冲沟、汛期易发生泥石流的进出口临时施工道路部位，汛前需完善过冲沟部位路基、挡墙，并对排水沟进行清理，保证排水畅通。汛期安排专人对道路两侧边坡及排水沟定期巡查，并配置机械设备进行道路的维护工作，保证施工道路畅通。

2）导流隧洞过流度汛。导流隧洞完工过流后，汛期必须保证进口边坡及出口防护措施安全可靠。

A. 进口边坡防护。受地形、地质条件及进水口布置条件限制，导流隧洞进口往往形成高边坡，高边坡的支护措施除常规的坡面喷锚支护、排水孔等，许多工程采取预应力锚索、阻滑桩等措施。高边坡的稳定分析方法多采用刚体极限平衡理论。对于复杂的三维边坡，可采用有限元、无限元、离散元等分析方法进行边坡稳定复核。

B. 出口防护。

a. 出口防护形式。为保证导流隧洞安全导流及度汛，导流隧洞出口形式选择应结合隧洞水力特征、出口地形地质条件及其下游防冲保护要求等因素综合确定。隧洞出口一般采用扩散方式。根据需要，出口可设置消力池、坎或平底扩散消能，出口防冲措施主要包括钢筋混凝土衬砌、混凝土柔性排、防淘墙、抛砌石（串）护坦等结构。对于出口水流流速不大，且岩石完整坚硬、下游无特殊防冲要求时，隧洞出口可采用简单的平底扩散消能方式；对于出口水流流速高、流态复杂，且地质条件较差的隧洞，出口一般采用水跃消能方式，需设置消力池、坎等消能工（根据导流隧洞运行特点，出口一般不宜采用挑流或消力戽等消能方式）。

b. 出口消能。根据导流隧洞运行特点，其出口消能建筑物宜简化。一方面，导流隧洞出口水流弗氏数较低，因而出口消能率也不会太高，加之导流隧洞为临时建筑物，运行期较短；另一方面，由于受导流隧洞出口地形条件限制，出口多无修建完整的消能设施的条件（否则需进行大开挖），因而对于导流隧洞消能方案的选取需综合建设条件、地质情况、下游防冲要求、工程投资与风险等多方面因素。一般情况下，采取简易消能设施，并对出口段设置加固防冲保护措施，有利于导流隧洞的提前完建、通水及降低工程投资。但对于其下游防冲要求高（如下游河段存在滑坡体等不良地质问题），隧洞出口消能方案应结合工程总体防护要求进行设计。

（3）导流涵洞（管）。涵洞（管）导流一般在修筑土坝、堆石坝工程中采用，在公路和堤防工程中也有广泛应用，一般用于导流流量较小的河流上导流度汛或只用来担负枯水期导流。涵洞（管）通常布置在河岸岩滩上，其位置常在枯水位以上，这样可在枯水期不修围堰或只修小围堰而先将涵洞（管）筑好，再修上、下游断流围堰，将河水经涵洞（管）下泄。

导流涵洞（管）埋于土石坝下，构成坝体的一部分，如发生沿洞渗漏、洞壁开裂或气蚀等任何局部破坏，将危及大坝的安全。为防止导流涵洞（管）开裂或断裂，一般采用加固地基、加强洞身结构强度、沥青麻丝嵌缝处理预制混凝土管接头等措施。涵洞（管）漏水多因裂缝造成，但如果施工质量差，防渗处理不当，或使用材料性能不好，也会引起漏水。通常可采用开挖处理，局部堵漏、内衬混凝土或钢筋丝网喷水泥砂浆等方法处理。

涵洞结构除进出口暴露部分外，其结构强度和稳定要求，应与大坝同等对待，同时在涵洞（管）设计时予以考虑。

1）当涵洞（管）工作处于明、压交替或工作水头较高时，往往会产生振动，如振动严重，甚至会引起沿洞防渗体破坏。防止振动主要措施为：①优化研究进口形式和洞内流态，消除在各种水位条件下的负压和气蚀；②加强结构刚度，减少结构变形；③在地形、地质可能的条件下，尽量将涵洞嵌入基岩，提高抗振能力。

2）为防止洞身渗漏，一般都设置截流环。要求由截流环增加的渗径，视坝体材料而异。对于心墙坝，一般增加接触长度的 $0.3\sim0.4$ 倍；对于均质土坝，一般增加接触长度的 0.15～0.5 倍。

3）如洞内流速较大，应控制不平整度，控制混凝土表面的凹凸度在 3～6mm 范围内，并以适当的坡度进行磨平，使顺坡在 1/20～1/100。

4）采取结构布置与施工措施，防止混凝土出现早期温度收缩或沉陷裂缝。

5）涵洞（管）在结构分段处需设置沉降缝，沉降缝间距 4～6m，具体视地基情况而定，但置于岩石地基上的涵洞（管）可以不设沉降缝。

（4）导流底孔。在混凝土坝或浆砌石坝施工过程中，采用坝体内预设临时泄水的导流底孔，使河水通过孔洞导向下游的施工导流度汛方式，主要用于中后期河床内导流的工程。采用隧洞导流的工程在施工后期，往往可利用坝身泄洪孔口导流，因此，只有在特定条件下才设置导流底孔，例如二滩、乌江渡、东风等水电站工程。

导流底孔一般均设置于泄洪坝段，也有个别工程在引水坝段内设导流底孔。导流底孔常置于坝段内，也有一些工程跨缝或在坝的空腔内设置，以简化结构。导流底孔在完成任务后用混凝土封堵，个别工程的导流底孔在水库蓄水后又重新打开，改建为排沙孔。有些工程的导流底孔还用于施工期通航和放木，例如水口、安康等水电站工程。

导流底孔度汛可分为单独泄洪和与导流隧洞、明渠导流、永久建筑物的底孔及坝体预留缺口联合泄洪等方式，不同度汛方式导流底孔的设计布置应遵循以下原则：①将导流底孔与永久建筑物的底孔结合，当永久建筑物设计中有放空、供水、排沙底孔可供利用时，应尽量让导流底孔与之结合；②在单设导流底孔的布置中，底孔宜布置在近河道主流位置，以利于泄流顺畅，即将导流底孔布置在溢流坝段，可充分利用护坦作为底孔导流的消能防冲结构；③当底孔与明渠导流结合时，宜将底孔坝段布置在明渠中，作为工程完建、封堵的控制性建筑物；④混凝土支墩坝在选用底孔导流时，宜将底孔布置在支墩的空腔内。

导流底孔在围堰挡水的条件下施工，施工完成前一般不过水度汛，但在汛期遇超标洪水淹没基坑时，应采取临时闸门封堵等保护措施。导流底孔度汛时，水流流速较高，流态复杂，在高速水流条件下易产生气蚀，为此，在导流底孔过流前，应对过流面存在蜂窝麻面、错台、裂缝、气泡等质量缺陷进行处理，以保证过流面平顺及混凝土质量，并可采取以下措施提高导流底孔泄流能力：①正确设计进水口体形，尽量避免进口水面出现空气漏斗；②减小底孔糙率；③合理布置闸槽；④溢流坝段下的底孔应正确处理溢流与孔流的交汇；⑤防止底孔进入漂浮物而堵塞；⑥出水口体形恰当，与下游尾水衔接流畅。

在我国，设有导流底孔的工程绝大多数都能正常运用，但也有极少数工程的导流底孔产生了空蚀。例如五强溪水电站在右溢流坝段留有 5 个 7.5（8.5）m×10m（宽×高）导流底孔，系在跨中及跨缝布置，受右溢流坝段前沿长度限制，底孔间距较小，开孔率约 61%。在底孔与溢流坝段缺口双层过流期间，曾发生特大洪水，但底孔运用正常。在溢流坝段缺口加高以后，于 1994 年 10 月水库蓄水前夕，又遇较大洪水，底孔在较高水头下与缺口双层泄流约 80h，孔内流速超过 20m/s，由于水流从未封闭的底孔进口闸门槽进入，水面出现直径 1～3m 的立轴旋涡，孔内水流紊乱，下闸后在底孔进口段普遍发现了不同程度的空蚀，最大空蚀深度接近 2m，削弱了闸门支座的承载能力，为保证工程安全，立即对支座进行了加固。其他工程例如丹江口水利枢纽部分导流底孔也发生过类似的空蚀。

2.3 防洪度汛风险分析

施工度汛中的不确定因素很多，研究施工度汛风险率的方法与途径也是多种多样。但风险分析在水利水电施工中的应用时间还比较短，成果有一定的局限性。在水利水电施工导流度汛规划中，人们通常只把洪峰流量作为不确定因素，然后根据建筑物类型及规模选择施工度汛标准、洪峰流量，最后确定度汛方案。显然，只考虑水文不确定性是不够全面的。在施工度汛中，除了洪峰流量这一客观的不确定性因素，还有水力、结构和库容等的不确定性，都会带来度汛风险。实际施工中，可采用 Monte Carlo 方法模拟施工洪水过程和导流建筑物泄流工况，通过系统仿真进行施工洪水调洪演算，用统计分析模型确定上游围堰堰前水位分布和在不同导流标准条件下围堰运行的动态风险。

（1）施工度汛风险概念。定义施工度汛风险，是开展施工度汛风险计算和用风险决策方法选择度汛方案的前提。施工度汛风险，即在规定的时间内，天然来水量超过水库的调蓄和导流泄水建筑物泄水能力的概率，主要指洪水期存在的风险，其定义的数学表达式为

$$P_r = P\left[\iint_0^T (Q_1 - Q_2)\mathrm{d}t > \Delta V_设\right] \qquad (2-13)$$

式中　P_r——施工度汛风险；

T——水库开始滞洪到出现最高库水位时的延续时间；

Q_1——天然来水（洪水）流量，$\mathrm{m^3/s}$；

Q_2——泄水流量，$\mathrm{m^3/s}$；

$\Delta V_设$——水库设计滞洪库容，$\mathrm{m^3}$。

其中，Q_1 是时间 t 的函数；Q_2 是水库水位的函数，它由导流泄水建筑物的泄流量 Q_{21} 和坝身过水流量 Q_{22} 组成，即 $Q_2 = Q_{21} + Q_{22}$，当坝身不允许过水时，$Q_{22} = 0$。$\Delta V_设$ 常由围堰（或坝体上升高度）或坝身过水稳定所限的库水位决定。

经调洪演算，可将式（2-13）转化为表达式（2-14）：

$$P_r = P(Z_{\max} > Z_设) \qquad (2-14)$$

式中　$Z_{\max}$——水库滞洪过程中出现的最高水位；

$Z_设$——水库设计滞洪库容所对应的水位。

当拟建的水电工程在山区河流上，或是径流式水电站工程，或是在初期导流度汛阶段挡水建筑物较低，在这几种情况下，一般在围堰前形成的库容较小，即滞洪能力较小。这时，施工度汛的风险可简单定义为在规定的时间内，洪峰流量超过导流建筑物泄水能力的概率，其度汛风险 P_r 的计算式为

$$P_r = P(Q_{10} > Q_2') \qquad (2-15)$$

式中　Q_{10}——洪峰流量，$\mathrm{m^3/s}$；

Q_2'——泄水流量的最大值，$\mathrm{m^3/s}$。

式（2-13）的定义实质上可将水文的随机性、水力的不确定性、库容大小的不确定性和泄水建筑物（如过水围堰）稳定的不确定性考虑在施工度汛风险内。和式（2-13）相比，式（2-14）仅考虑了洪峰流量的随机性和水力及结构的不确定性，但它在特定条

件下还是可取的。

（2）工程度汛主要风险因素。施工期防洪度汛方案选择主要需考虑水文特性、主体工程的形式与布置、施工进度、施工方法等因素的影响。其中水文特性主要包括流量的大小、洪枯流量的变幅、洪枯水时段的长短、洪水峰量及出现的规律等数据；主体工程的形式与布置主要是指水工建筑物的结构形式、总体布置方案、主体工程量等。

1）水文特性。工程所属流域径流量的大小、洪枯流量的变幅、洪枯水时段的长短、洪水峰量及出现的规律等水文情况均直接影响工程度汛方案。

对于大流量的河流，特别是洪枯水位变幅较大的河流，当不具备分期导流条件时，如采用隧洞泄流、全年挡水围堰的导流方式，则围堰和导流隧洞的规模和工程量均较大，不经济，甚至可能由于导流工程施工工期长，围堰在一个枯水期内难以修筑完成，影响工程总工期，加大工程施工难度，而且大坝又难以在截流后的一个枯水期内施工至具备挡水条件，此时，宜采用过水围堰，枯水期由围堰挡水，截流后至大坝具备挡水条件前，汛期围堰和坝体过水度汛。

对于流量较小、洪枯水位变幅不大的河道，当截流后一个枯水期内坝体不能施工至具备挡水条件时，宜采用全年挡水的不过水围堰，以争取更多的有效工期；当截流后一个枯水期内坝体能施工至具备挡水条件时，可采用枯水期挡水的围堰，汛期由坝体挡水度汛。

2）主体工程的形式与布置。水工建筑物的结构形式、总体布置、主体工程量等，是影响工程度汛方案选择的主要因素。

对于均质土坝、心墙土石坝、斜墙土石坝、面板堆石坝及面板砂砾石坝等土石坝，坝面过水对坝体施工影响较大，坝面保护难度大，一般不采用坝面过水度汛方式。通常采用的度汛方式为：①坝体在截流后一个枯水期内可以填筑至具备挡水条件时，采用枯水期围堰，汛期由坝体挡水度汛；②坝体在截流后一个枯水期内不能填筑至具备挡水条件时，采用全年挡水围堰，在坝体不具备挡水条件前，由围堰挡水度汛，坝体具备挡水条件后，由坝体挡水度汛。但如果必须采取坝体过水度汛时，经过经济技术论证，在采取可靠保护措施后，也可采用坝体过水度汛方式。

对于混凝土面板堆石坝，可利用垫层料挡水，有利于在截流后抢填挡水经济断面。同时，面板堆石坝坝体为堆石体，抵抗水流冲刷能力较强，坝体过水度汛时，坝面保护工作量相对较小。因此，面板堆石坝一般采用枯水期围堰挡水，坝体主要度汛方式为：①对于中、小型混凝土面板堆石坝，在截流混凝土后一个枯水期坝体一般可填筑临时断面至具备挡水条件，宜采用枯水期围堰，汛期由坝体挡水度汛，如东津水电站面板堆石坝、西北口水电站面板堆石坝等；②对于大型水电站面板堆石坝，一般在截流后一个枯水期内难以填筑至具备挡水条件，在坝体不具备挡水条件前，宜采用坝体过水度汛方式。面板堆石坝采用坝面过水度汛时，对位于较窄河道上的坝体，宜采用全坝过水方式，如水布垭水电站混凝土面板堆石坝河床宽度仅约100m，2003年采用全坝体过水度汛，汛期坝体填筑全面停工；对位于较宽广河道上的坝体，宜采用留缺口过水方式，如天生桥一级水电站混凝土面板堆石坝1996年采用预留120m缺口过水度汛，缺口两侧可继续施工。在采用经济断面挡水和预留缺口过水时，应注意坝体上、下游和左、右侧坝体的填筑高差不能过大，以免造成坝体的不均匀沉陷，对坝体及周边缝的变形、坝体及面板应力造成不利影响。

对于混凝土坝（重力坝、拱坝、支墩坝、空腹坝、大头坝等）一般是允许坝体过水的，在坝体不具备挡水条件前，可采用预留缺口过水度汛方式。混凝土高拱坝一般不宜过水，通常采用全年挡水围堰，且围堰使用期较长，必须采用较高的导流标准，导流工程规模较大。如二滩水电站工程，双曲拱坝高240m，以30年重现期洪水流量作为围堰挡水标准，围堰高达59m，用2条17.5m×23m（宽×高）的特大型隧洞导流。但如采用导流建筑物规模过大，以致在工期和经济上得不偿失，有时甚至在技术上、施工布置上也不可行时，也可采用枯水期围堰，在坝体不具备挡水条件时，由围堰和坝体过水度汛。由于拱坝结构（厚度）的不同，对坝体过水的要求有所区别，应研究基坑或坝体在汛期的过流情况，特别是对薄拱坝，一般不通过坝身泄水，因此在坝体过水时，要求坝体断面尺寸、应力分布及抗冲性能等均应与过水流态相适应。

河床式水电站厂房在尾水管以上部分未修建时，一般不允许过水。

3）施工进度。工程度汛方案与工程施工进度和导流程序密切相关，工程度汛方案对施工进度影响较大，反过来施工进度又影响施工度汛方案的制定。

采用全年挡水围堰度汛，坝体等不间断施工，可缩短施工总工期或使坝体施工进度更有保证，但相应加大了导流工程的规模、工程量、投资及施工难度。

采用枯水期围堰，如坝体不能在截流后一个枯水期内填筑至具备挡水条件，则汛期坝体需过水，影响坝体施工和工程总工期，特别是土石坝，如天生桥一级水电站于1994年12月截流，1995年基坑过水坝体全面停工，1996年汛期坝体又预留缺口过水。

4）施工方法。随着大型土石方和混凝土机械设备的应用，机械化施工的不断完善，以及施工技术的提高，新工艺、新材料的利用，工程施工强度不断加大，施工速度越来越快，大规模的围堰、导流隧洞、导流明渠等得到更广泛的应用，也使大坝可在较短时间内能抢填至具备挡水条件。

（3）施工度汛不确定量及分布。

1）自然不确定因素及其分布。自然不确定性主要是水文不确定性。水文不确定性包括两方面：河道来流洪峰流量的不确定性和洪水过程的不确定性。后者主要表现在洪峰位置和洪量的不确定性上。

洪峰流量的不确定性是施工度汛风险一个非常重要的不确定因素，我国最大洪峰流量一般采用 P-Ⅲ型分布，其概率密度函数计算式（2-16）～式（2-19）：

$$\int(Q)=\frac{\beta^{\alpha}}{\Gamma(\alpha)}(Q-a_0)^{\alpha-1}e^{-\beta(Q-a_0)} \quad (b<Q<\infty) \tag{2-16}$$

$$\alpha=\frac{4}{C_s^2} \tag{2-17}$$

$$\beta=\frac{2}{\mu_Q C_v C_s} \tag{2-18}$$

$$a_0=\mu_Q\left(1-2\frac{C_v}{C_s}\right) \tag{2-19}$$

式中　Q——最大洪峰流量；

α、β、a_0——P-Ⅲ型分布的形状、刻度和位置参数；

$\Gamma(\alpha)$ ——α 的伽马参数;

C_v ——P-Ⅲ型分布的离势系数;

C_s ——P-Ⅲ型分布的离差系数;

μ_Q ——P-Ⅲ型分布的均值。

2) 人为不确定因素及其分布。人为的不确定性有水力、结构和库容等的不确定性。

A. 水力计算模型和模型参数的不确定性。在施工导流泄洪建筑物及其规模确定的情况下,根据《水利水电工程施工组织设计规范》(SL 303—2004) 中的规定,受围堰上游水位和泄流建筑物系数等水力参数的不确定性影响,导流系统的泄流量是一个随机量,其值可采用三角分布,其分布函数计算式 (2-20):

$$\int(Q_2) = \begin{cases} \dfrac{2(Q_2 - Q_a)}{(Q_b - Q_a)(Q_c - Q_a)} & Q_a \leqslant Q \leqslant Q_b \\[4mm] \dfrac{2(Q_c - Q_2)}{(Q_c - Q_a)(Q_c - Q_b)} & Q_b \leqslant Q \leqslant Q_c \end{cases} \quad (2-20)$$

式中 Q_2 ——导流建筑物的泄洪量,m^3/s;

Q_a ——泄洪能力下限,m^3/s;

Q_b ——平均泄洪能力,m^3/s;

Q_c ——泄洪能力上限,m^3/s。

Q_a、Q_b、Q_c ——参数通过导流建筑物施工及其运行的统计资料确定。

B. 泄水建筑物结构尺寸的不确定性。在施工过程中,建筑物结构尺寸的误差是不可避免的,但这种误差的大小是有界的。绝对值相等的误差出现的概率相等,小绝对值的误差比大绝对值误差出现的概率大。根据误差理论,结构尺寸的变化服从正态分布,其均值为设计值,标准差可用若干值来估算。

C. 库水位的不确定性。在围堰或坝体临时断面的上游,当洪峰流量为设计流量的洪水到来时,经水库的调蓄,库水位应达到设计泄水位。洪水过程的不确定性也会引起库水位的不确定性,根据影响因素的性质,可认为其服从正态分布。

(4) 施工度汛风险率计算。

1) 度汛风险率计算方法。风险分析是通过分析计算给出某一风险发生的概率以及其后果的性质和程序的概率。已知式 (2-16) 或式 (2-20) 中各随机量的概率密度函数,从理论上讲,可以精确地用概率方法计算施工导流风险,但可以看出,式中的积分求解很复杂,数学难度大,不容易直接求解。目前风险计算的方法已有多种,从重现期法、安全系数法、直接积分法、蒙特卡罗 (Monte Carlo) 模拟法、均值一次二阶矩 (MFOSM) 法,发展到改进均值一次二阶矩法、当量正态化 (JC) 法等。

在结构可行度和风险计算中,就用较多的 JC 法,该方法要求随机变量服从正态分布或对数分布,否则要进行转换,因此会产生一定的误差。另外在极限状态方程非线性程度很高时,其计算结果也不满足进度要求。而采用蒙特卡罗模拟法可以避免 JC 法存在的不足。

蒙特卡罗模拟法的原理很简单,实质就是通过随机变量的统计试验、随机模拟求解数学、物理、工程技术问题的近似解。用蒙特卡罗模拟法计算风险的关键是产生已知分布的随机变量的随机数，利用计算机进行大量模拟运算，用模拟运算的结果来估算风险。具体做法是利用计算机伪随机数生成程序生成一组样本值，代入极限状态方程式（2-21）：

$$Z = R - L \tag{2-21}$$

计算 Z 的值，进行足够多次的抽样，得到大量的 Z 值，统计 Z 为负值的次数与总抽样次数，两者的比值即为风险值。

洪峰流量 Q 服从 P-Ⅲ型分布，可采用舍选抽样法进行抽样，具体步骤为：

步骤一：模拟均匀随机数 r_1，r_2，$\cdots$，$r_{[a]}$；

步骤二：计算 $-\sum\limits_{K=1}^{[a]} \ln r_K$；

步骤三：模拟均匀随机数 $r_{[a]+1}$，$r_{[a]+2}$，$r_{[a]+3}$；

步骤四：判定 $r_{[a]+1}^{1/K} + r_{[a]+2}^{1/S} \leqslant 1$，若不满足，按步骤三重新模拟均匀随机数；

步骤五：计算 $B = \dfrac{r_{[a]+1}^{1/K}}{r_{[a]+1}^{1/S} + r_{[a]+2}^{1/S}}$；

步骤六：计算 $B_i \ln r_{[a]+3}$；

步骤七：计算随机数 $x_1 = \alpha_0 + \dfrac{1}{\beta} \left(-\sum\limits_{K=1}^{[a]} \ln r_K - B_i \ln r_i \right)$。

流速系数、糙率系数等水力因素随机性服从三角分布，对于三角分布随机变量的产生可采用下面的步骤：

步骤一：产生 [0，1] 区间均匀分布随机数 r_i；

步骤二：计算随机变量、$x_i = \begin{cases} a + \sqrt{(b-a)(c-a)} & 0 \leqslant r_i \leqslant \dfrac{b-a}{c-a} \\ c - \sqrt{(c-b)(c-a)(1-r_i)} & \dfrac{b-a}{c-a} < r_i \leqslant 1 \end{cases}$

上述所求 x_i 为服从三角分布的随机变量。

2）度汛风险率计算模型。基于多重不确定因素的度汛风险系统模拟流程为：①输入度汛系统水文、水力原始数据及计算参数；②模拟洪水过程线、模拟泄流过程线；③围堰上游水位仿真计算及堰前水位分布；④分析不同围堰。

2.4 防洪度汛应急预案

2.4.1 设计标准内洪水度汛预案

水利水电工程施工期间，每年汛前需根据工程建设规模、特点和建筑物的设计洪水标准，针对性制订防洪度汛应急预案，确保工程安全度汛。防洪度汛应急预案主要依据国家相关法规、工程年度施工组织设计报告及已审定的年度度汛设计报告编制，对遭遇设计标准内洪水的防洪度汛应急预案主要应包括以下几方面的内容：

（1）总则。主要是确定防洪度汛应急预案编制的目的、依据、适用范围及工作原则等内容。

（2）危险性分析。针对不同区域气候、地理条件等众多不确定因素进行风险辨识，确定汛期危险源，一般包括洪涝、泥石流、暴雨、溃坝、冲毁建筑物、坍塌、人员淹溺、物资设备被水侵蚀等。同时，应按洪水可能造成后的严重程度，可控性和影响范围等因素，并参考国家防汛预警或者应急响应等级标准，确定工程相应的防汛应急响应等级。防汛应急响应等级一般分为四级：Ⅰ级（特别重大）、Ⅱ级（重大）、Ⅲ级（较大）、Ⅳ级（一般）。

1）特别重大级别（Ⅰ级）。出现下列情况之一者，为Ⅰ级响应：①某个流域发生特大洪水；②多个流域发生大洪水；③大江大河干流重要河段堤防发生决口；④重点大型水库发生垮坝；⑤多个省（自治区、直辖市）发生特大干旱；⑥多座大型以上城市发生极度干旱。

2）重大级别（Ⅱ级）。出现下列情况之一者，为Ⅱ级响应：①一个流域发生大洪水；②大江大河干流一般河段及主要支流堤防发生决口；③数省（自治区、直辖市）多个市（地）发生严重洪涝灾害；④一般大中型水库发生垮坝；⑤数省（自治区、直辖市）多个市（地）发生严重干旱或一省（自治区、直辖市）发生特大干旱；⑥多个大城市发生严重干旱，或大中城市发生极度干旱。

3）较大级别（Ⅲ级）。出现下列情况之一者，为Ⅲ级响应：①数省（自治区、直辖市）同时发生洪涝灾害；②一省（自治区、直辖市）发生较大洪水；③大江大河干流堤防出现重大险情；④大中型水库出现严重险情或小型水库发生垮坝；⑤数省（自治区、直辖市）同时发生中度以上的干旱灾害；⑥多座大型以上城市同时发生中度干旱；⑦一座大型城市发生严重干旱。

4）一般级别（Ⅳ级）。出现下列情况之一者，为Ⅳ级响应：①数省（自治区、直辖市）同时发生一般洪水；②数省（自治区、直辖市）同时发生轻度干旱；③大江大河干流堤防出现险情；④大中型水库出现险情；⑤多座大型以上城市同时因干旱影响正常供水。

（3）防汛组织体系与职责。建立工程防洪度汛组织机构，组建防汛应急救援指挥部，健全安全度汛责任制，明确各单位、部门及人员的职责分工。防汛应急救援指挥部一般由防汛应急救援领导小组、应急指挥部办公室、应急救援专家组等组成，并依据工程具体情况，防汛应急救援指挥部可下设灾情监视、事故应急（抢险救援）、通信保障、运输保障、善后处理等工作小组。

汛期由成立的防汛应急救援指挥部统一指挥、协调汛期事故抢险、应急处理及生产恢复等工作，决策和宣布进入或解除紧急状态，负责组织事故性质的认定，及时向上级部门通报洪水灾害情况。

防汛应急指挥部负责领导、组织、协调防汛应急管理和救援工作；负责防汛应急救援重大事项的决策；协调应急救援的专业队伍开展应急救援工作；根据地方人民政府的指令和友邻单位的求助，组织应急救援工作。

防汛应急指挥部办公室主要负责：防汛应急指挥部日常工作，在防汛应急指挥部的领导下，负责防汛应急预案的综合管理工作；传达防汛应急指挥部的各项指令，及时收集并汇总各类防汛抢险相关信息，组织协调和指导较大及以上级别的突发汛情应急处置工作；需要各单位之间协作配合及社会增援时，按照应急指挥部的指令，协调组织有能力救援的组织和单位参加防汛应急救援，防止事故扩大；向相关领导报告突发汛情及其救援情况；

负责组织制定和修订防汛应急预案，并监督执行；协助组建应急救援专家组，为救援决策、指挥、处置提供技术支持；承办防汛应急指挥部交办的其他工作。

应急救援专家组为应急委和专项应急指挥部提供决策咨询和工作建议，在应对突发事件时，应邀参与应急指挥工作，为应急指挥决策提供服务。

（4）预防与预警。

1）风险监控。需通过多种渠道、实时收集汇总分析所在地各级政府及其有关部门发布的防汛预警信息，加强风险管理，开展针对性防范治理。对不能消除或不能将其降低到可接受程度，可能发生较大及以上级别突发事件的风险，应及时报告防汛专项应急指挥部办公室，并实施针对性监控措施，避免或降低灾害造成的损失或次生、衍生事故事件发生的可能。

2）预警分级。根据天气预报、已经出现的降雨情况和实时汛情等，将未来可能出现的洪涝灾害、防汛突发事件等由低到高划分为一般（Ⅳ级）、较重（Ⅲ级）、严重（Ⅱ级）、特别严重（Ⅰ级）四个预警级别，并依次采用蓝色、黄色、橙色、红色加以表示。

蓝色预警（发布防汛Ⅳ级预警信息），预警标准：12h 内降雨量将达 50mm 以上，或者已达 50mm 以上且降雨可能持续。

黄色预警（发布防汛Ⅲ级预警信息），预警标准：6h 内降雨量将达 50mm 以上，或者已达 50mm 以上且降雨可能持续。

橙色预警（发布防汛Ⅱ级预警信息），预警标准：3h 内降雨量将达 50mm 以上，或者已达 50mm 以上且降雨可能持续。

红色预警（发布防汛Ⅰ级预警信息），预警标准：3h 内降雨量将达 100mm 以上，或者已达 100mm 以上且降雨可能持续。

3）预警程序与行动。防汛应急指挥部接到可能导致洪涝灾害的防汛预警信息后，应及时核实相关信息并迅速上报。应急指挥部办公室立即组织相关部门、人员进行分析研判，对发生突发事件的可能性及其可能造成的影响进行评估，提出预警发布建议。应急指挥部批准后，应急指挥部办公室应通过各种传播方式或组织人员逐户通知等方式进行预警，对特殊人群、特殊场所和警报盲区应当采取有针对性的公告方式，预警信息的内容包括突发事件种类、预警级别、预警区域或场所、预警期起始时间、影响估计及应对措施、发布单位和时间等，同时要按照应急预案做好应急准备和预防工作。

根据已预警突发事件的事态变化趋势，有关情况证明突发事件不可能发生或危险已经解除，按照"谁启动，谁结束"的原则，启动的预警由防汛应急指挥部办公室按程序报批后解除。

（5）应急启动与结束。

1）信息报告与处置。

A. 汛情发生后，现场防汛值班人员必须及时向防汛应急办公室报告，防汛应急办公室应及时上报防汛应急指挥部值班领导，并逐级上报上级主管领导及有关部门，距事件发生不得超过 2h，不得迟报、谎报、瞒报。

B. 突发事件发生后，应按照相关报告制度的规定，及时汇总、核实相关信息并及时将有关情况，向当地人民政府及有关部门和上级单位报告。各级防汛应急指挥部办公室是受理报告和向上级报告突发事件的责任主体。

C. 报告的主要内容包括汛情发生时间、地点、范围、程度、损失及趋势，采取的措施以及联络人和电话，生产、生活方面需要解决的问题等，并根据事态发展和处置情况及时续报。

D. 信息报告时，应采用有效方式传递信息，一般先电话报告，再以书面形式报告。

2）先期处置。发生或确认即将发生洪水灾害，事发单位在向上级报告的同时，应立即启动相关应急预案，采取措施控制事态发展，组织开展先期处置工作，即组织、协调、动员有关专业应急力量和职工群众进行先期处置和自救互救，并及时对事件的性质、类别、危害程度、影响范围、防护措施、发展趋势等进行评估上报。外部救援力量参与救援时，与其做好配合。

3）应急响应。防汛应急指挥部办公室接到发生或确认即将发生Ⅰ～Ⅳ级洪涝灾害的报告后，报防汛应急指挥部批准后启动应急响应。防汛应急指挥部办公室组织召开会议，部署应急救援抢险工作，明确工作目标和重点，及时组织指挥抢险救灾工作，并随时向上级主管部门汇报有关情况。相关部门进入相应级别应急响应状态，部门主要领导24h带班指挥本部门参与应急救援工作，及时向应急指挥部办公室报告救援工作进展情况。应急抢险救援人员奔赴救灾现场开展救援。随时调用各种应急物资、装备、技术人员，及时补充应急物资、装备。及时与当地政府取得联系，多渠道争取当地政府部门及专业救援机构的协助和支持。

防汛应急指挥部办公室24h值班，并随时向指挥部报告汛情、事态发展和救援进展情况，保持与防汛工作小组的通信联系，随时掌握事态发展情况。同时指导现场应急救援工作，积极协调专业应急力量增援，并协调落实其他有关事项。

4）应急结束。防汛应急救援结束的基本条件为：洪涝灾害已得到有效处置，后续工作安排妥当。响应应急终止，由防汛应急指挥部办公室按程序报批后下达应急结束命令。应急结束后，应继续关注防汛应急救援工作，直至其他补救措施无需继续进行为止。

（6）后期处置。

1）善后处置。由现场防汛应急指挥部组织相关单位及人员进行现场清理。若因调查需要暂缓清理的，应对现场进行保护，待批准后再行清理。在清理过程中可能导致危险发生或清理工作有特殊要求的，由专业队伍进行清理，并由专人进行现场监护。

应积极稳妥、深入细致地做好善后处置工作，尽快恢复正常的生产生活秩序。对突发事件中的伤亡人员、应急处置工作人员，以及紧急调集、征用有关单位及个人的物资，要按照规定给予抚恤、补助或补偿，并提供心理及司法援助。要做好疫病防治和环境污染消除工作。同时，要及时到保险机构做好有关单位和个人损失的理赔工作。要采取有效措施，确保受灾职工群众的正常生活。

2）保险理赔。汛情发生后，应及时向承保的保险机构报案。应急处置完毕，防汛应急指挥部和相关单位应及时向承保的保险机构提出理赔申请，并配合保险理赔机构做好相关工作。

3）事故调查。防汛应急工作结束后，要及时对应急处置工作进行分析、研究和总结评估，提出加强和改进同类事件应急工作的意见和建议，并组成调查组及时对突发事件的起因、性质、影响、责任、经验教训和恢复重建规划等问题进行调查评估，提出防范和改进措施。属于责任事件的，应当对负有责任的单位和个人提出处理意见。

（7）保障措施。

1）通信与信息保障。建立健全防汛应急救援综合信息网络系统和信息报告系统，完善相应的数据库。正常情况下，防汛应急指挥机构和主要人员应保持通信24h正常畅通，通信方式应当报上一级应急指挥部备案。通信方式发生变化的，应及时通知以便更新。

2）防汛应急队伍保障。依法组建和完善防汛应急救援队伍，并督促、检查和落实，保证机构健全、人员到位，保证应急状态时能及时有效实施救援。

3）防汛应急物资装备保障。做好相关防汛应急救援物资以及特种救援装备的配备工作，完善有关制度，实现资源共享。机电物资部门应当建立应急救援设施、设备等储备制度，储备必要的应急物资、器材和装备，并监督、检查和掌握各级应急物资的储备情况。

4）防汛经费保障。防汛应急救援组织机构应当做好防汛应急救援必要的资金准备。

5）交通运输保障。应根据救援需要及时协调有关单位、部门提供交通运输保障。

6）技术储备保障。防汛应急救援组织机构成立防汛应急救援专家组，为防汛应急救援提供技术支持和保障。要充分利用防汛技术支撑体系的专家和机构，研究防汛应急救援重大问题，开发防汛应急技术和装备。

7）医疗卫生保障。医疗卫生机构应当加强医疗救援能力建设，制定应急处置行动方案，配备必要的医疗救治药物、技术、设备和人员。若未设置医疗机构，应与当地医疗卫生机构建立应急联动工作机制，确保应急处置及时有效。

（8）宣传、培训和演练。

1）公共信息交流。组织开展应急法律法规和防汛预防、避险、避灾、自救、互救、急救等常识的宣传教育工作，提高全员的危机意识。

2）培训。要组织应急救援机构和专业应急救援队伍的相关人员进行上岗前培训和业务培训，提高应急救援能力，并检查、指导和督促落实。必须开展从业人员岗位应急知识教育和自救互救、避险逃生技能培训，并定期组织考核。必须向从业人员告知作业岗位、场所危险因素和险情处置要点，高风险区域和重大危险源必须设立明显标识，并确保逃生通道畅通。

3）演练。根据工程现场实际情况，应每年至少组织一次防汛应急救援演练，并做好记录。演练结束，要对演练结果进行评估，检验有效性，分析存在的不足，以便进一步修改、补充和完善。

（9）奖励与责任追究。应对在防汛应急救援工作中出色完成应急处置任务、为减少人员伤亡和损失做出较大贡献、对应急救援工作提出重大建议且实施效果显著和有其他特殊贡献的单位和个人给予奖励。

而对防汛应急救援工作中存在下列情况的单位和个人应进行责任追究：不按规定制定突发防汛应急预案，拒绝履行应急准备义务；拒不执行防汛应急预案，不服从命令和指挥的；盗窃、挪用、贪污应急工作资金或者物资；阻碍应急工作人员依法执行任务或者进行破坏活动；散布谣言，扰乱社会秩序；有其他危害应急工作行为。

2.4.2 超标准洪水度汛预案

水利水电工程施工度汛时，为了防止和减少超标准洪水造成的损失，需建立紧急情况下快速、有效的事故抢险和应急救援机制，确保人身安全，最大限度地减少超标准洪水造成的财产损失。

针对工程可能遭遇的超标准洪水制定的防洪度汛应急预案，除包含遭遇设计标准内洪水防洪度汛应急预案的相关内容之外，还应制订超标准洪水应急方案及措施，主要应包括：

（1）建立完善洪水预警系统，密切与气象部门联系，准确掌握天气变化情况，建立天气和水情监测预报制度，了解上游泄流量，随时掌握水情变化，做到有备无患。

（2）发生超标洪水前，应对施工围堰进行加高处理，对围堰冲刷严重部位，采用大块石或钢筋（铅丝）石笼加以防护，对坝体临时泄洪缺口进行加固防护处理，当发生超标洪水时，派专人进行维护检查，如发生情况及时报告。

（3）发生超标洪水时，在防洪区范围外设置明显的标志，并派专人看守，严禁与本工程无关的人员、车辆进入。

（4）发生超标洪水时，配合地方政府做好防汛、度汛工作。

（5）做好导流渠道的清理工作，凡是有碍行洪的障碍物，一律清除。

（6）提前准备好足够的防汛抢险物资，设专人保管，严禁防汛物资挪作其他用途。

（7）合理规划紧急情况下人员、设备撤离路线，并依次进行超标洪水撤离预演。

（8）明确发生超标准洪水时的预案启动条件、程序及处置流程等。

3 防 洪 度 汛 施 工

3.1 围堰度汛

3.1.1 围堰防冲

（1）土石围堰。土石围堰挡水度汛时，主要采取以下防冲保护措施：

1）护坡。围堰的护坡除需防止风浪掏刷、雨水冲刷外，还需防止水流的冲刷。围堰护坡一般只设置在迎水面，尤其是土质斜墙围堰，对于背水面一般可不设护坡，或设置简单的防护。常用的护坡形式有堆石护坡，砌石护坡、梢料护坡、石笼护坡、混凝土板护坡等。

A. 堆石护坡：可水上铺筑，也可水中抛填。护坡厚度，水上铺筑一般为 0.4～0.8m，水中抛填不宜小于 0.5～1.0m。堆石块径需根据抗冲要求确定，一般为 10～30cm。堆石下面需设砂砾石垫层，垫层厚度约为 0.3～0.5m。

B. 砌石护坡：其厚度可比堆石护坡减少 1/2，一般单层铺砌厚约为 0.2～0.35m，但垫层要求级配良好。在北方严寒地区，砌石和垫层的总厚度还应大于冰冻深度。

2）围堰与地基及其他建筑物的连接。

A. 围堰与地基的连接。均质围堰与地基的连接，只要将渗水性较大的沉积物或风化破碎岩石清除干净，一般不需要特殊处理。有条件干地施工时，可挖几道齿槽，以便更好地结合。

土质斜墙或心墙与地基的连接，一般采取设置混凝土齿墙及扩大防渗体断面两种方式。前者连接可靠，但必须干地施工；后者施工简单，水上或水下均可施工。斜墙与地基的连接常采用后者，心墙与地基的连接两者都常采用，视施工条件而定。

连接部位扩大防渗体断面的要求，应根据允许渗透坡降确定，一般可将原断面扩大 2.0～3.0 倍，使接触面长度不小于 0.5～1.0 倍水头，水下施工时，其断面的扩大还需视清基情况而定，应比干地施工适当增大。当地基为砂卵石，采用铺盖防渗时，考虑砂卵石表面粗化，可先抛一层粗细砂垫层，以加强接触面的渗流稳定。

B. 围堰与岸坡的连接。岸坡一般为坡积物，渗水性大，稳定性差，一般应予清除。为避免堰体产生不均匀沉陷，连接的岸坡不应做成垂直台阶，岩石坡度一般不陡于 1:0.5～1:0.75，土质坡度约 1:1.0～1:1.5。在岸上修筑铺盖时，其坡度应削成大于 1:2.0 的缓坡。防渗体与岸坡的连接方式同河床地基一样，可采用混凝土齿墙，也可将防渗体断面扩大。斜墙与岸坡的连接，还可将岸坡附近的斜墙逐渐变为心墙，以增大接触面的渗径。

C. 围堰与其他建筑物的连接。土质心墙或斜墙与其他建筑物（如混凝土导墙、纵向围堰等）的连接方法，采取扩大防渗体断面和插入式两种。扩大防渗体断面的要求，可参照与地基的连接。

3）围堰防冲保护的一般措施。在围堰平面布置时应考虑使水流平顺，不使围堰附近形成紊乱水流流态。对于上游围堰，主要防止隧洞、明渠进口部位或与纵向围堰连接处的收缩水流对堰坡和堰脚的冲刷。对于下游围堰，应防止扩散水流或回流冲刷。纵向围堰的防护，尤应满足抗冲流速的要求，其防冲措施一般采取设置导流、挑流建筑物和防冲保护两类，必要时需通过水工模型试验确定。

A. 导流、挑流建筑物。常用的有导墙、丁坝、矶头等。其结构形式，干地施工可用混凝土、砌石、木笼等；水下施工一般用抛块石、竹笼、铅丝笼等。葛洲坝水利枢纽一期纵向土石围堰头部，根据水工模型试验无丁坝时，最大流速 6.7m/s，集中落差 1.65m。采用丁坝后，围堰堰脚在回流区范围，回流流速在 3.0m/s 以内。

B. 防冲保护。防冲保护部位除堰坡外，对于砂卵石堰基，土质岸坡均需保护，应视水流条件确定。防护结构一般有抛石、砌石、柴排或梢捆、竹笼或铅丝笼及钢筋混凝土柔性板等。柴排、梢捆及钢筋混凝土柔性板的结构特性如下：

柴排、梢捆的特点是柔性好，整体性强，在不陡于 1∶2.5 的坡上可以稳定。沉排施工流速约 1.0m/s 左右。湖北丹江口水利枢纽一期纵向土石围堰的基础防冲采用小型柴排，上游堰头用柳捆保护，经过 4.5m/s 流速考验，效果良好。

钢筋混凝土柔性板是将混凝土块用钢筋（或钢筋环）串联而成。块体尺寸过大将失去柔性，块体过小，则施工麻烦，分块一般选用 4～6m，其厚度应根据防冲要求确定。葛洲坝水利枢纽一期土石纵向围堰采用分块尺寸为 4m×4m，块体间设联系钢筋，底部留有 0.3～0.45m 的空角，以适应沉陷变形。

（2）混凝土围堰。混凝土围堰挡水度汛时，受基坑抗冲流速控制，需对纵向混凝土围堰基础进行防冲保护，根据围堰基础的地质情况，可采用混凝土防冲板保护方案。若布置防冲板有困难，也可采用挖防冲槽浇筑混凝土的保护方案。

3.1.2 过水围堰防护

（1）土石过水围堰。土石过水围堰按其堰体形状可分为实用堰和宽顶堰。按溢流面所使用的材料，可分为混凝土面板溢流堰、混凝土楔型体护面溢流堰、大块石或石笼护面溢流堰、块石加钢筋网护面溢流堰及沥青混凝土面板溢流堰等。按消能防冲方式，可分为镇墩挑流式溢流堰和顺坡护底式溢流堰。

1）混凝土面板护面。混凝土面板护面土石过水围堰的结构包括防渗体、堆石体、堰头、溢流面板、镇墩、护坦或坡脚保护及基础处理等。其斜墙或心墙结构、防渗体与堆石体的布置及基础处理等要求都和土石围堰相同。

A. 堰头构造。堰头的轮廓形状有实用堰（可为曲线形或折线形）和宽顶堰两类。前者流量系数大，但对堰面防冲要求高；后者流量系数小，如下游水位较高时，适当改变堰形后可使水流成为面流衔接。

堰顶宽度应满足同防渗体连接的需要，并需考虑施工条件（堰头及混凝土面板施工）及其他要求（如水流条件、设置子堰等），一般不宜小于 4～6m。堰头的厚度，对于实用堰不宜小于 2.0m；对于宽顶堰可以薄一些，不宜小于 0.8m。堰头为刚性体，底部一般需设置干砌石过渡层，并应设置沉陷、温度缝，缝的间距 10～15m。堰头和溢流面板的连接，应设缝分开，以免互相影响。

无论是斜墙或心墙，至堰顶部位的厚度已不大，应处理好堰头与防渗体的连接。其连接方式一般采用齿墙、齿槽、贴油毛毡等，或加大防渗体的厚度以增长渗径。斜墙（或心墙）与堰头的连接长度，可按允许渗透梯度 i 控制，一般要求，在非正常情况下 i 值不大于 4～5，正常情况下不大于 3。

B. 溢流面板构造。溢流面板的作用是保护堆石体不被水流冲刷破坏。因此，要求其具有足够的强度和稳定性，当堆石体和地基发生沉陷时，要求面板能适应变形而不被折断。

溢流面板的坡度一般为 1：2～1：3。面板的厚度，一般为 0.5～1.0m。已建工程取用的厚度大小不等，厚者达 3m，薄者仅 0.2m。为防止因沉陷、温度收缩产生裂缝，面板应分块分缝，缝间嵌入沥青木板或灌注沥青砂浆，板内配置温度筋，钢筋按网格式布置每米 4～5 根，板下设置干砌石垫层。为保证面板的整体性，分块板之间一般设置 $\phi16mm$ 的联系钢筋，每块板四边各按每米 2～4 根布置。为加强面板的稳定性，板底还可设一定数量的锚筋，锚入堆石体内。为减少作用于面板的扬压力，面板上一般设置排水孔，排水孔间距 2～3m，孔径 5～10cm。但由于堆石体内浸润线较低，在下游水位以上部位的面板并无扬压力作用，设置排水孔反而对面板不利。因此，排水孔应设在下游水位以下部位，下游水位以上部位不宜设置排水孔。

面板的平面分块尺寸，需考虑强度和稳定要求，一般可取 8～10 倍板厚，其形状可为正方形或矩形。板的连接，一般采用平接或搭接。

C. 镇墩布置。镇墩的作用是保护堰脚并支撑面板，并通过挑流使水流形成面流衔接。因此，一般都要求镇墩建在岩基上。当建在软基上时，为使镇墩基础不被冲刷，其下游还须设置保护等设施。

镇墩高度，可根据结构布置，水力条件及地质情况确定。镇墩上需设置排水孔，将围堰的渗漏水排出，也可设置集水井，将渗漏水直接从井中排出，不流入基坑。

镇墩各部位尺寸应按挑流要求通过稳定分析确定。作用于镇墩上的荷载有：上游面的堆石压力 E、渗水压力 P_1，下游面的水压力 P_2，底面的浮托力与渗透压力 W_ϕ，自重 G，水重 W 及拖曳力 r 等（见图 3-1），其中水流的拖曳力很小，可不考虑。离心力方向垂直于曲面，当曲面的正弧段与反弧段对称时，其合力向下，水平分力为零。当正弧段长度大于反弧段时，其合力的水平分力向上，对于稳定是有利的。一般正弧段与反弧段长度差很小，因此计算时可不考虑拖曳力。

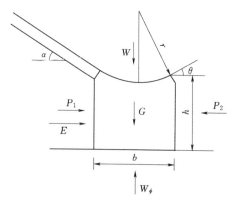

图 3-1 镇墩稳定计算受力图

2）混凝土楔型体护面。过水土石围堰下游坡混凝土楔形护面板是一种性能优越的护坡形式，其基本结构见图 3-2。

由于其自身结构的独特性，与普通矩形混

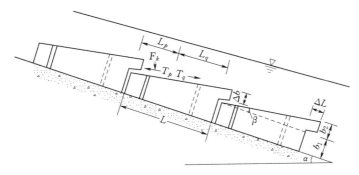

图 3-2   混凝土楔形护面板基本结构示意图

凝土护板相比,具有如下优点:

A. 混凝土楔形护面板在过水土石围堰下游坡面上呈阶梯状布置,下块的头部被压在上块的尾部以下,这样能消除水流对板头的迎水推力。

B. 临近护板尾部的水流,在两块板的连接部位流向弯曲向下,这在楔形板的 L_p 区会产生有利于板块稳定的动水附加冲击力 F_k。

C. 由于靠近尾部的水流在上、下两块护板衔接处流向弯曲向下,当部分水流绕过楔形板时,将在 L_p 范围内形成绕流脱离区并产生旋滚,使该区为低压区。因此,若在该区内布置排水孔,护板底部的渗透压力会得到削减,而且排水孔的作用会随着过堰流速增大而加强。

D. 由于水流在 L_p 内形成旋滚,逆向水流会产生向上游的拖曳力 T_p,从而抵消部分向下的拖曳力 T_q。

E. 护板表面呈阶梯状布置,也可起跌坎消能作用,这样会减轻水流对堰脚的冲刷。

F. 由于混凝土楔形板本身具有较强的抗冲刷能力,块体尺寸有条件做小一些,因而具有较大的变形适应能力,特别适于碾压不够密实,沉陷量较大的未完建土石坝和土石围堰的过水保护。

G. 这类结构具有良好的整体性,块与块之间的重叠使之具有较为强烈的约束和连接作用,从而更有利于面板的稳定。

正是由于上述优点,混凝土楔形板在国内外已引起了很大的兴趣,并在工程实际中得到越来越广泛的重视和应用。模型试验和工程实践都表明,这种新型的护面结构适于大单宽流量的土石过水围堰,经济合理并具有良好的稳定性。但是,由于楔形板上的流态复杂,使得其受力状态也变得复杂。日前国内外对楔形板稳定性的机理研究还很少。因此,从静力学的观点出发,并考虑在整体约束的情况下,对处于过水运行状态的混凝土楔形板的失稳进行了力学分析,提出了较为简单的、符合工程实际的稳定厚度计算公式。

3) 大块石护面及钢筋网护面。

A. 大块石护面。护面块石的稳定与溢流面坡度、流量、流速及其掺气情况、块石尺寸、重量及其密实程度和嵌固条件等有关。因此确定溢流面的坡度,应根据单宽流量、综合块石尺寸等条件综合计算得出。

B. 钢筋网护面。20 世纪 50 年代以来，国内外已成功地修建了 20 多座加筋过水土石围堰。例如大化水电站的加筋过水土石围堰，下游坡面最长 38m，经受住了 9130m³/s [单宽流量超过 40m³/(s·m)] 的洪水考验。加筋过水土石围堰是在围堰的下游坡面上铺设钢筋网，防止坡面块石被冲走，并在下游部位的堰体内埋设水平向主锚筋以防下游坡连同堰顶一起滑动。下游面采用钢筋网护面，可使护面块石的尺寸减小，下游坡坡角加大，其造价低于混凝土护面过水土石围堰。

钢筋网护面必须注意：加筋过水土石围堰的钢筋网应保证质量，不然过水时随水挟带的石块会切断钢筋网，使土石料被水流淘刷成坑，造成塌陷，导致溃口等严重事故；过水时堰身与两岸接头处的水流比较集中，钢筋网与两岸的连接应十分牢固，一般需回填混凝土直至堰脚处，以利钢筋网的连接生根；过水以后要进行检修和加固。

（2）混凝土过水围堰。混凝土过水围堰因水流落差大，对下游河床或基坑产生严重冲刷，一般需通过分析计算和水工模型试验后，确定下游消能工及防冲措施。对围堰下游应采取"防、消、导"相结合的综合措施进行防护，通常防护措施有：可采用铺设钢筋石笼对底部基础进行保护，也可布置混凝土四面体起到加糙和消能作用，以便分散水流，减小水流流速，减轻下游的冲刷破坏。为增强钢筋石笼及混凝土四面体的稳定性，各钢筋石笼及混凝土四面体均用钢筋或钢丝绳在横向及纵向相互串联，并与明渠底板相连接。

3.1.3 临时挡水子堰

对土石不过水围堰挡水，当施工期内遭遇超标准洪水时，围堰出现漫溢围堰过水而溃决的风险时，通常采取紧急抢筑子堰，依靠子堰临时挡水度汛。也有些工程为降低过水围堰堰面流速，采用了设子堰等措施降低过水围堰顶高程，从而降低过水时的堰面流速，减小堰面保护工程量，取到了很好的效果。子堰临时挡水度汛也常在河道堤防防汛遇到漫溢的重大险情时采用。

临时挡水子堰高度一般根据上游水文站的水文预报，通过洪水演算确定洪水位及子堰高程。无上游水文预报时，可通过上游雨量站网的降雨资料，进行汇流计算和洪水演算，作洪峰和汇流时间的预报。

采取临时加高子堰挡水度汛时，要因地制宜，确定子堰形式、填筑材料来源以及施工路线等。堰顶高应超出预测推算的最高洪水位一定的安全高度，做到子堰不过水，但从堤身稳定考虑，子堰也不宜过高，各种子堰的外脚一般都与背水面堰肩留一定距离。子堰修筑前应清除填筑面杂物，将表层刨毛，以利新老土层结合，并在堰轴线开挖一条结合槽。根据具体情况，临时挡水子堰的构筑主要有黏性土、袋装土、浆砌块石、混凝土等几种。

三峡水利枢纽工程二期上游围堰深槽段设有双排防渗墙，按先上游后下游的顺序施工。由于防渗墙深度大，施工工期长，在上游墙建完后，需在围堰轴线上游侧修筑临时子堰挡水度汛，以保证下游防渗墙汛期施工。为解决子堰填筑与上游排防渗墙施工间的干扰，在子堰背水侧设置挡墙以收束子堰坡脚，子堰采用了加筋土挡墙的形式，保证了围堰安全度汛及下游防渗墙汛期顺利施工。

3.2 土石坝度汛

3.2.1 泄洪道预留缺口

土石坝采用预留缺口过水或坝面设溢流槽泄水时，根据流速大小和抗冲要求，常用的保护措施有大块石护面、砌石护面、混凝土块面板、石笼（竹笼、铅丝笼）及钢筋网保护等。

例如，位于黑龙江省龙凤山水库大坝为土坝，汛期采用在坝身预留宽70m的临时溢流口过水度汛，通过140m³/s的春汛洪水，单宽流量2m³/(s·m)，最大流速为5m/s，缺口表面采用40cm以上的大块石铺砌。其平面布置见图3-3，过水土坝剖面见图3-4。

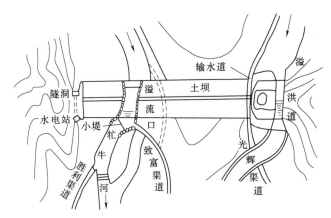

图3-3 龙凤山水库过水土坝平面布置图

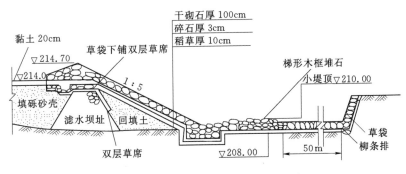

图3-4 龙凤山水库过水土坝剖面图

3.2.2 坝体过流面防护

（1）一般土石坝过流面防护。一般土石坝采用全坝体过水方式度汛时，防护措施一般有以下形式：

1）坝面保护。根据流速大小和抗冲要求，常用的保护措施有大块石护面、砌石护面、混凝土块面板、石笼（竹笼、铅丝笼）及钢筋网保护等。

奥德河坝钢筋加固堆石体布置见图 3-5，坝体填筑至高程 28.80m 时过水。坝面用大块石护面，推土机铺筑并压实，大块石空隙间填以小块石，心墙部位块石下铺 1.0m 厚的反滤层。下游坡用双层钢筋网保护，下层网格为 15.2cm×15.2cm 的细钢筋，其上再铺一层 ϕ25.4mm 的粗钢筋，网格尺寸为 1.3m×0.45m。1971 年 3 月通过了 5600m³/s 的洪水，实测堰顶水深 10.5m，单宽流量 46m³/(s·m)，平均流速 4.5m/s。汛后检查，钢筋网未损坏，堆石体的沉陷甚微。

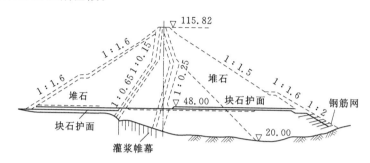

图 3-5　奥德河坝钢筋加固堆石体布置图

类似奥德河坝施工由未完建的堆石体上过洪的工程，有的采用砌石护面，有的采用钢筋混凝土护面，有的则采用钢筋网加固保护措施。实践表明，钢筋网保护虽然在有的工程采用时也产生过一些问题，但只要措施得当，过流对堆石体的影响是微不足道的。只要在设计及施工中不断总结提高，必将使它省料、省工、施工简便、迅速的优点更加突出。部分土石坝工程过水钢筋网保护实例见表 3-1。

表 3-1　　　　　　　　　部分土石坝工程过水钢筋网保护实例表

工程名称	建造时间/年	钢筋网尺寸				下游坡率	溢流水深/m	过水情况
		斜坡向		水平向				
		直径/mm	间距/cm	直径/mm	间距/cm			
圣·依底芬沙	1939	19.05	121.9	19.05	30.5	1.4	3.0	轻微位移
七号坑尾水坝	1965	22.23	30.5	22.23	102.9	2.25	1.2	轻微损坏
勃拉德尔·德拉夫脱	1967	4.88	22.23	4.88	15.2	1.3	3.7	顶部松动，块石冲损 3.6 万 m³
勒萨皮	1970	4.88	15.2	4.88	15.2	1.3	1.2	无损坏
松萨	1972	6.40	15.2	10.16	38.1	1.4	1.2	因坝址冲刷而毁坏
顾公	1976	8.00	10.0	8.0	10.0	1.7	3.0	轻微损坏
爱斯兰塔斯	1978	26	25	20	25	3.5		
莲花	1995	25	15	25	15	1.5		未过水
芹山	1998	22	30	22	60	1.35	1.5	无损坏
英川	2000	22	30	22	32.8	1.3	3.4	无损坏
盘石头	2002	25	20	25	20	2		无损坏

2) 坝体下游侧设置壅水溢流堰。溢流堰的高度不宜太高，一般在 7～25m 范围之内，堰顶高出坝面 0.4～2.0m。堰体形式，当单宽流量较大时，宜用混凝土或浆砌石，采取重力式或拱形布置；当单宽流量较小时，可采用混凝土板、条石或干砌石护面。壅水堰的基础最好落在基岩上，以防冲刷基础。如果堰体设在覆盖层上，在下游需设置消力池或其他防冲保护。溢流堰鼻坎高程以满足水流可形成面流衔接为宜。

广东省在 20 世纪 70 年代高坪、合河、凤溪三座坝所采用的坝体断面型式分别见图 3-6、图 3-7 和图 3-8。后两座都是施工进度赶不上，临时加强反滤体做成壅水堰，运行良好。后续土石坝设计时即将反滤体设计成壅水溢流堰。

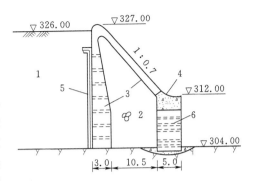

图 3-6　高坪水库临时壅水溢流堰断面示意图（单位：m）

1—坝体；2—干砌石；3—浆砌石；4—混凝土；5—反滤层；6—排水管

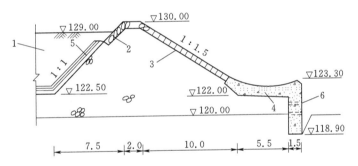

图 3-7　合河水库土坝过水断面示意图（单位：m）

1—坝体；2—干砌石；3—混凝土块（25cm×25cm×50cm）；4—混凝土；5—反滤层；6—排水管

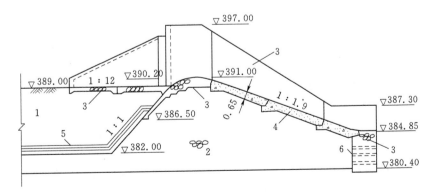

图 3-8　凤溪水库土坝过水断面示意图（单位：m）

1—坝体；2—干砌石；3—浆砌石；4—混凝土面板；5—反滤层；6—排水管

四川嘉陵江升钟水库大坝为心墙坝，围堰与坝体结合，其度汛临时过水断面见图 3-9。溢流堰高 9m，堰体为浆砌块石，表面为浆砌条石，利用心墙混凝土底座作消力池，以防基础冲刷。坝面用块径 0.4m 的干砌石保护，厚 0.8m，干砌石缝隙用砂卵石填充。1978 年经历 9 次过水，历时 23d，其中最大一次过水流量 614m³/s。堰顶水深3.10m，坝面平均流速 1.67m/s。汛后检查，坝面无冲无淤，坝体各部位完整无损，下游情况良好。

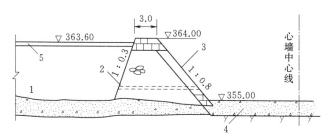

图 3-9 升钟水库心墙坝度汛临时过水断面示意图（单位：m）

1—坝体；2—干砌石；3—浆砌条石；4—心墙底座混凝土；5—干砌石

苏联汉塔依加坝，上、下游围堰均作为坝体一部分。其度汛临时过水断面见图 3-10，用木笼加混凝土盖板作临时溢流堰，坝面用重 10t 的大块石保护，木笼修建在覆盖层上，基脚浇有宽 4m 的钢筋混凝土支撑梁，木笼下游有重 8~10t 的大块石护面。1968 年 6 月 17 日开始过水，延续了 106d，最大流量达 6700m³/s，木笼上的单宽流量 66.7m³/(s·m)，同时产生流冰。过水后，上游围堰损坏，木笼沉陷 67cm，混凝土盖板开裂，坝面的块石保护长在 10~15m 范围内被冲走，木笼下游形成深 15m，长约 70m 的冲刷坑，坑底自然形成一层大块石。1969 年汛前对木笼基础进行了水泥灌浆固结，冲刷坑回填冰碛土，第二年度汛流量达 42000m³/s，受叶尼塞河顶托影响，形成面流，工作状况大为改善。

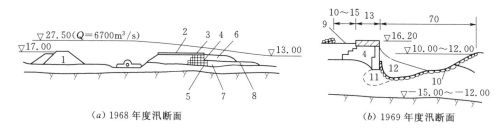

（a）1968 年度汛面 　　　　　　　　　（b）1969 年度汛断面

图 3-10 汉塔依加坝度汛临时过水断面示意图（单位：m）

1—上游围堰；2—10t 大块石护面；3—钢筋混凝土盖板；4—木笼；5—钢筋混凝土梁；

6—8~10t 大块石；7—一般块石；8—下游围堰；9—被冲走大块石部位；

10—汛后形成的块石层；11—水泥灌浆固结层；12—回填冰碛土

（2）混凝土面板堆石坝过流面防护。面板堆石坝坝体过流度汛时，需采取防冲措施进行过流面防护，防护措施主要有钢筋网、钢筋石笼、大块石、下游面的碾压混凝土镇墩或护面等形式。应用较多的是钢筋网和钢筋笼护面，碾压混凝土护面是近些年开发的新的防护方法。

1) 钢筋网防护加固法。钢筋网防护加固下游坡面，需在坝体内埋设水平锚筋，水平锚筋一端与钢筋网连接；另一端锚固于可能产生的滑弧以外的坝体内，钢筋网加固过水堆石坝见图 3-11。

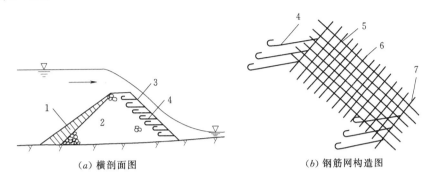

（a）横剖面图　　　　　　　　　　　　（b）钢筋网构造图

图 3-11　钢筋网加固过水堆石坝示意图
1—防渗墙；2—堆石体；3—钢筋网；4—水平锚筋；5—纵向钢筋；
6—横向构造钢筋；7—横向加强钢筋

钢筋网由纵向主筋、横向构造筋及锚筋等组成。一般纵向主筋用 $\phi14\sim28$mm 钢筋，间距 $15\sim45$cm；横向构造筋用 $\phi8\sim24$mm 钢筋，间距 $25\sim100$cm。纵向主筋和横向构造筋的间距大小视坡面块石大小而定。为防止钢筋隆起，设置横向加强筋，采用 $\phi20\sim30$mm 钢筋，间距 $100\sim300$cm。水平锚筋采用 $\phi20\sim38$mm 钢筋，长 $420\sim600$cm，水平间距 $50\sim300$cm，垂直间距 $100\sim300$cm。

经实践观测和模型试验，当堆石体过水时，其坝坡滑动由以下两部分组成：①表面冲蚀或浅层滑动，由下游坡面溢流水流和堆石体内渗透水流的渗透力所造成；②深层滑动，由堆石体被渗透水饱和的孔隙压力所造成。对这两种滑动，采用表层钢筋网解决浅层滑动，采用埋入堆石体内的水平锚筋解决深层滑动。其近似计算方法如下：

A. 钢筋网计算。钢筋网计算可采用戴维斯梯芬逊（David Stephenson）图解法。取堆石体下游坡面的单位面积（见图 3-12），则单位面积所受的力包括：溢流水的拖曳力 T_1 与渗透力合力 T_2 的矢量和 T；堆石体的浮重 G，可分解为平行于坡向的分力 G_1 和垂直于坡向的分力 G_2；钢筋网的荷载 N，图中 N_1 为 N 的垂直于坡向的分力；摩擦力 F。溢流水的拖曳力方向与坡向平行，渗透力合力方向大致沿渗流平均坡降的方向，且作用在渗流区的形心上，为近似计算，其合力方向取水平向。T_1、T_2、F 分别按式（3-1）、式（3-2）、式（3-3）计算：

$$T_1 = c\rho_w hi = c\rho_w \frac{n^2 v^2}{h^{1/3}} \tag{3-1}$$

$$T_2 = \rho_w jabL \tag{3-2}$$

$$F = (G_2 + N_1)\tan\varphi \tag{3-3}$$

式中　c——边界系数，对刚性大、整体性好的边界，如混凝土护面结构，$c=1.0$；对于柔性大、整体性差的边界，如钢筋网或钢筋笼护面结构，$0<c<1.0$；

　　　ρ_w——水的密度，kg/m³；

n——钢筋网或钢筋笼的糙率；

v——溢流水的流速，m/s；

h——溢流水深，m；

i——溢流水面坡降；

j——渗流比降，由于堆石内孔隙大，渗流呈紊流，可近似用 $j = Z/L_w$，其中 Z 为坝顶至下游水面的垂直高度，L_w 为坝顶上缘至下游坡水面处的距离（见图 3-13）；

a、b——钢筋网或钢筋笼的高度、宽度，m；

L——钢筋网或钢筋笼的长度，m；

φ——堆石的内摩擦角，m。

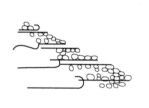 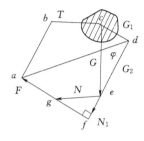 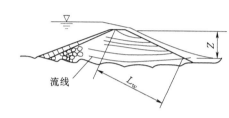

图 3-12　钢筋网荷载图　　　　　图 3-13　堆石坝过水时的渗流图

解法步骤如下：

按一定比例作水平向的 T（即 bc 线）、平行于坡向的 G_1（即 cd 线）、垂直于坡向的 G_2（即 de 线）。再作 da 与 de 成 φ 角，并过 b 作 de 的平行线与 de 相交于 a。然后过 a 作 cd 的平行线并与 de 的延长线相交于 f，ef 即为 N_1，af 即为 F；最后过 e 作水平线与 af 相交于 g，eg 即为所求的钢筋网的水平荷载 N。

根据所求钢筋网荷载 N 和堆石体表面块石尺寸及钢筋允许应力，确定单位堆石体表面上纵向主筋的根数、直径和间距。需要注意的是，纵向主筋和横向构造筋所形成的网眼尺寸应能框住堆石体表面块石，否则达不到保护的目的。

上述钢筋网计算所考虑的情况只相当于安全系数为 1.0 时的情况。而实际过流量，洪水中挟带有砂、石和残断树干等杂物，并在通过堆石体过程中还会冲走一些施工质量不完善的松石，这些物质会冲击或切割钢筋网，尤其是横向钢筋首当其冲，从而改变纵向主筋的位置，导致堆石体表面的冲蚀和浅层滑坡，形成集中水流的恶性循环，最后产生深层滑动造成堆石体被破坏。所以，实际使用的钢筋直径应比计算出的钢筋直径要粗。

B. 水平锚筋计算。水平锚筋计算常采用修正的毕肖普（Bishop）圆弧法，取单位长度堆石体（单元体）计算。一般堆石体过水的最不利工作情况是在刚过水、下游水位为零时（见图 3-14）。此时孔隙水压力最大，渗流呈紊流，可用式（3-4）表示：

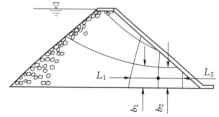

图 3-14　堆石体过水时的流网图

$$\frac{L_1}{L_2}=\left(\frac{b_1}{b_2}\right)^{1.35} \tag{3-4}$$

用毕肖普圆弧法，确定无水平锚筋时堆石体下游坡最小稳定安全系数的剪切滑动面。毕肖普圆弧法计算单元体受力分布见图 3-15。单元体所受的力有：自重 W；作用在两侧的剪力（Q_n、Q_{n+1}）和土压力（E_n、E_{n+1}）；底面的抗剪力 S；垂直于底面的总有效压力 P 和孔隙压力 U。可近似地认为 $Q_n \approx Q_{n+1}$，$E_n \approx E_{n+1}$。并有

$$S=\frac{P\tan\varphi}{k} \tag{3-5}$$

$$U=\eta\frac{W}{b}b\sec\alpha=\eta\frac{W}{\cos\alpha} \tag{3-6}$$

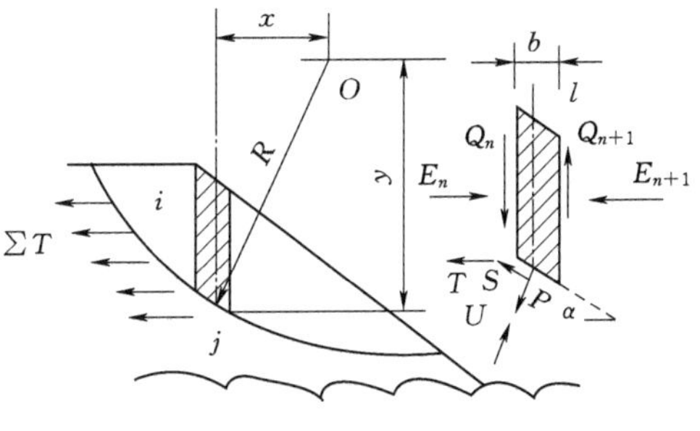

式中　φ——堆石的内摩擦角；

k——无水平锚筋时堆石体下游坡的最小稳定安全系数；

η——孔隙水压力；

α——单元体底部与水平面的夹角；

b——单元体的宽度。

作用在单元体上的垂直荷载关系见式（3-7）：

图 3-15　毕肖普圆弧法计算单元体受力分布图

$$W-P\cos\alpha-U\cos\alpha-S\sin\alpha=0 \tag{3-7}$$

将式（3-5）、式（3-6）代入式（3-7）后整体得

$$P=\frac{W(1-\eta)k}{(k+\tan\varphi\cdot\tan\alpha)\cos\alpha} \tag{3-8}$$

整个滑动体的安全系数 k 为

$$k=\frac{\tan\varphi\sum P}{\sum W\sin\alpha} \tag{3-9}$$

即

$$k=\frac{\tan\varphi}{\sum W\sin\alpha}\cdot\sum\left[\frac{W(1-\eta)k}{(k+\tan\varphi\cdot\tan\alpha)\cos\alpha}\right] \tag{3-10}$$

求出的 k 为剪切滑动面最小稳定安全系数，也就是需要埋设水平锚筋的界限。水面锚筋应伸出到滑动面以外方能起到锚固作用。由于式（3-10）中含有 k，计算时需试算，使工作量大而繁，因此，应用时也可简化用瑞典滑动圆弧法，其结果差别不大。

在最小剪切滑动面的基础上，用修正的毕肖普圆弧法计算水平锚筋的锚固力。在单元体底部上添加的一组水平锚筋的锚固力为 T（见图 3-16），则可求出其最小稳定安全系数为

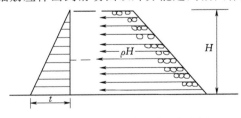

图 3-16　水平锚筋的分配方法图

$$k = \frac{\tan\varphi}{\sum(W - Tb)\sin\alpha} \sum\left[\frac{W(1-\eta)k}{(k+\tan\varphi \cdot \tan\alpha)\cos\alpha}\right] \geqslant 1.2 \qquad (3-11)$$

水平锚筋的分配，一般采用斯派克斯（A. D. Walsh Sparks）方法（见图 3-16）。锚固力分配的三角形底边的长度按式（3-12）计算：

$$t = 2c\rho H \qquad (3-12)$$

式中　t——锚固力分配的三角形底边的长度；

　　　　c——系数，$0 < c < 1.0$；

　　　　ρ——堆石体密度；

　　　　H——堆石体高度。

堆石体中有了水平锚筋，就可防止堆石发生深层滑动，所以必须将锚筋伸到剪切破坏滑动面以外，才能增加堆石体的抗剪强度。

C. 工程应用实例。

a. 鲍鲁巴坝坝高 45m，其断面见图 3-17。坝体在填筑高 12m 后预留宽 46m 的缺口过水，缺口高程以下坝坡用 ϕ19mm 钢筋网保护。水平钢筋间距 122cm，纵向钢筋间距 30cm，锚筋长 451cm，间距 122cm。施工中经历 3 次过水，最大流量 427m³/s，水深 2.74m。除几根脱焊钢筋处块石有些移动外，效果良好。

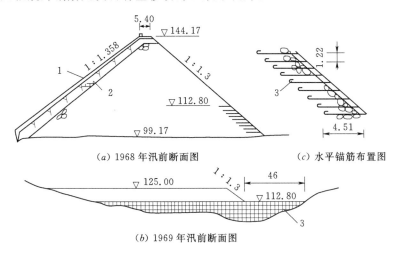

图 3-17　鲍鲁巴坝过水保护布置示意图（单位：m）
1—混凝土面板；2—干砌石（80～183cm 占 37.5%，小于 22cm 占 25%）；
3—ϕ19mm 钢筋网，网格尺寸 122cm×30cm

b. 南非勃雷特尔屈夫坝坝高 51m，其断面见图 3-18。施工期曾 3 次过水，第一次过水时，流量约为 198m³/s，坝面水深为 0.6m，粒径 7.6mm 以下的填料被冲走。第二次过水时，堆石体已填高到 14.3m，完全用钢筋网加固，过水流量为 1134m³/s，顶面水深为 3.7m。由于上游围堰右岸有一个凹陷，使水流在此集中，促使近河谷中心的松散堆石料和右侧未经压实的堆石被冲走，并沿坡下跌，切断钢筋网，剥去横向构造筋，形成一个宽约 30m，深约 10m 的缺口，在已筑成的约 $2.3×10^5$m³ 的钢筋加固的堆石体中有 $2.8×10^4$m³ 石料和未经保护的 $1.3×10^5$m³ 的堆石被冲走。第三次在缺口完全修复好后过水，过

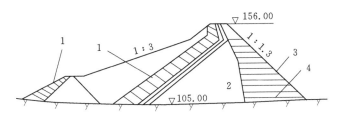

图 3-18　勃雷特尔屈夫脱坝断面图（单位：m）

1—防渗墙；2—堆石体；3—钢筋网；4—水平锚筋

水流量为 170m³/s，顶面水深为 1.0m，据估计，仅有最大粒径尺寸为 10cm 的小石块发出相互撞击声，堆石体未出现任何危险。该坝采用双层钢筋网，纵向主筋为 $\phi25$mm，间距为 22.5cm；横向构造筋为 $\phi7$mm，间距为 15cm；横向加强筋为 $\phi19$mm，间距为 300cm；水平锚筋的垂直间距为 300cm，其直径与水平间距随堆石体的高度而变，底部的钢筋为 $\phi38$mm，坝高 30m 以上部分的钢筋 $\phi19$mm，间距均为 150cm。

c. 英川水电站位于浙江省瓯江水系小溪支流景宁县英川镇境内。坝址以上集雨面积 199km²。大坝为混凝土面板堆石坝，坝高 87m，总库容 3731 万 m³，坝顶高程 561.00m，坝体填筑工程量 109 万 m³。英川水电站大坝于 1999 年 9 月 1 日动工，11 月 25 日河道截流，导流隧洞泄流。导流隧洞为城门洞形，宽 9m、高 10m。

根据设计要求，大坝初期施工采用临时断面挡水，挡水标准为 20 年一遇洪水，相应洪水位为：梅汛前期 4 月 16 日—5 月 31 日为 493.28m，要求坝体填筑到高程 494.00m；梅汛后期 6 月 1 日—7 月 15 日为 495.33m，要求坝体填筑到高程 496.00m；台汛期 7 月 16 日—10 月 15 日为 503.86m，要求坝体填筑到高程 505.00m。然而，由于种种原因，工程进度缓慢，形象进度滞后，离设计要求的大坝临时断面挡水方案相差较远，采用临时断面度汛难以实现。为此，经研究决定采用汛期坝面过流的施工方案。

坝体度汛标准采用 20 年一遇洪水标准。根据 $P=5\%$，$Q=1065$m³/s 计算成果，坝顶过水最大深度为 2.3m，流速为 2.72m/s，坝后坡底流速为 18.9～21.7m/s，流速大，必须采取安全保护措施，防止淘刷冲蚀。坝后坡的水流冲刷和堆石体潜流渗透，可能导致坝后坡破坏的形式有两种：一种是浅表淘刷；另一种是引发边坡的深层滑动。坝体过水保护采用钢筋网防护加固法，以表层钢筋网解决浅层滑动；采用埋入堆石体内的水平锚筋解决深层滑动。

钢筋网计算采用戴维斯梯芬逊（David Stephenson）图解法。溢流水拖曳力 $T_1 = c\rho_w hi = c\rho_w \dfrac{n^2 v^2}{h^{1/3}} = 0.33$t/m²；水流渗透力 $T_2 = \rho_w jabL = 0.6$t/m²；堆石体浮容重 $\rho = 1$t/m³，平行坡面重 $G_1 = 0.61$t，垂直坡面重 $G_2 = 0.79$t，内摩擦角 $\varphi = 42°$。经图解计算，保证下游坝坡不淘空冲刷，下游坝坡面每 m² 需施加 1.34t 拉力，才能保持坡面块石稳定。

采用折线形楔块极限平衡法，计算下游坝坡的边坡稳定。堆石体按浮容重计算。折线形滑动面上的反力方向由堆石体内摩擦角控制。选择深浅不同的几组滑移破裂面进行计算，比较其抗滑稳定安全系数。以满足规范要求安全系数的最浅滑移面为准，浅表防淘刷设置的水平锚筋必须穿过最浅滑移面后锚定。计算采用图解法，最小稳定安全系数为

1.22。锚筋埋设长度选用 10m，才能满足下游坝坡的稳定要求。

根据水力计算和结构分析成果，下游坡面高程 500.00m 以下必须设置保护。下游坡面保护分两层结构。紧贴块石护坡面为 $\phi22mm$、间距 $30cm \times 32.8cm$ 钢筋网，为加强结构的整体性，加设 $\phi50mm$、间距 $2.1m \times 1.64m$ 钢管骨架网；$\phi25mm$ 锚筋伸入坝体长度 10m，层距 2m，平距 2.1m，一端与钢管骨架网勾住焊接；另一端埋入坝体与 $\phi25mm$ 的纵向抗拔筋相连接，防止滑移。为使钢筋网片的钢筋和钢管骨架少受损伤，各节点均采用活动结扣。为保证度汛的安全，除钢筋网锚固之外，下游坝坡高程 500.00m 以下采用干砌块石，护坡厚度由 35cm 改为 1m。坝后坡顺向 30m 内的堆石体应级配良好、密实，透水性能良好。

英川水电站 2000 年 4 月 23 日大坝填筑达到高程 487.60m，大坝下游坡块石砌筑及钢筋网、钢管骨架防护在同一高程施工完成。4 月 24 日 20 时至 25 日 10 时大坝上游突降暴雨，据雨量站提供资料，降雨量达 84.1mm。此次暴雨由于时间短、雨量大，又因上游木材等漂浮物甚多，导流隧洞泄洪受到一定影响，大坝库内水位骤然上升，至 4 月 25 日 6 时 55 分，水位达到 491.00m，超过围堰顶高程 2.2m，经测算，此次洪水坝顶过水水深达 3.4m。由于对大坝下游坡面采取了上述保护措施，大坝安然无恙，也未出现滑坡现象。而相对应的大坝下游坡与左岸上坝填筑料施工道路上部的结合处，无法用钢筋、钢管架设保护网，导致洪水冲刷出长 16m、宽 7m、深 2.6m 的深坑。

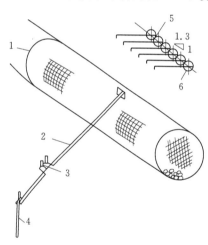

图 3-19 钢筋石笼的构造示意图
1—$\phi6mm$ 钢筋；2—$\phi24mm$ 或 $\phi20mm$ 钢筋；
3—接头板（平焊）；4—垂直插筋；5—不用
模板浇筑的混凝土；6—圆筒形石笼

2）钢筋石笼防护加固法。钢筋石笼一般用 $\phi4 \sim 6mm$ 钢筋焊成，石笼直径为 $0.8 \sim 1.2m$，长 $2 \sim 3m$，也可采用长方体钢筋笼。笼内用石块填筑并振动密实，石料要求与大坝相同。钢筋笼尺寸根据起吊条件选定，所有石笼都应锚固到足够深度的稳定堆石体内。钢筋石笼的构造见图 3-19。

钢筋石笼作为堆石体过水的防护结构有其突出的优点：钢筋石笼透水可释放水压力；钢筋石笼的稳定性远大于单独的石块；钢筋石笼有柔性，可以承受小移动产生的变形或失稳而不致破坏，优于混凝土。但钢筋石笼也有使用年限短的缺点，可以通过置换和修补或用抗蚀性丝网来弥补。

从经济上看，钢筋石笼的造价低于混凝土，高于块石或抛填护坡。不过后者所需的堆石体积超过钢筋石笼的 5 倍，在流速很大的条件下还要加大体积。而钢筋石笼的稳定却远远大于堆石，实际上与大体积混凝土相近。

A. 坡面上钢筋石笼的稳定性。坡面上钢筋石笼的失稳，主要是受坡面上溢流的拖曳力和堆石体内渗透水流的渗透力作用而产生滑动破坏所造成的，坡面上钢筋笼的荷载见图 3-20。

拖曳力 T_1 按式（3-1）计算。

钢筋石笼浮重按式（3－13）计算：

$$G = (\rho_s - \rho_w)(1 - \theta)abL \qquad (3-13)$$

式中　G——钢筋石笼的浮重；

　　　ρ_s——笼内填石的密度；

　　　θ——笼内填石的孔隙率；

　　　a——笼的高度；

　　　b——笼的宽度；

　　　L——笼的长度。

渗透力的合力 T_2 按式（3－2）计算。

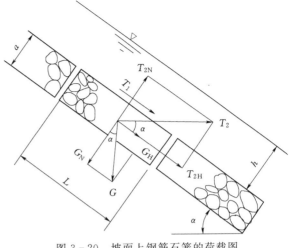

图 3－20　坡面上钢筋石笼的荷载图

为了使钢筋石笼护面保持稳定，必须使图 3－20 中所示的荷载满足平衡方程式（3－14）和式（3－15）：

$$T_1 bL + T_2 \cos\alpha + G\sin\alpha = (G\cos\alpha - T_2\sin\alpha)f \qquad (3-14)$$

$$k = \frac{(G\cos\alpha - T_2\sin\alpha)f}{T_1 bL + T_2\cos\alpha + G\sin\alpha} > 1.0 \qquad (3-15)$$

式中　α——下游坡坡角；

　　　f——钢筋石笼与堆石表面间的摩擦系数，其值为 0.7；

　　　k——钢筋石笼护面抗滑稳定安全系数；

其他符号意义同前。

将式（3－1）、式（3－2）、式（3－13）代入式（3－15）整理后得

$$k = \frac{[(\rho_s - \rho_w)(1 - \theta) - \rho_w j \tan\alpha]af}{\rho_w h_i \sec\alpha + \rho_w ja + (\rho_s - \rho_w)(1 - \theta)a\tan\alpha} \qquad (3-16)$$

B. 水平面上钢筋石笼的稳定性。水平面上钢筋石笼的荷载见图 3－21，图 3－21 中符号意义、单位和计算式均与图 3－20 中的相同。

渗透总压力按式（3－17）计算：

$$T_2 = \frac{1}{2}\rho_w jLbL = \frac{1}{2}\rho_w bL^2 \frac{n^2 v^2}{h^{4/3}} \qquad (3-17)$$

式中　T_2——钢筋石笼底部的垂直渗透总压力，kN。

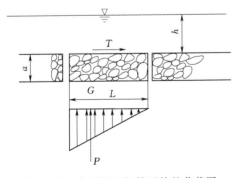

图 3－21　水平面上钢筋石笼的荷载图

为了使钢筋石笼护面保持稳定，必须使图 3－21 中所示的荷载满足平衡方程式（3－18）或式（3－19）：

$$T_1 bL = (G - T_2)f \qquad (3-18)$$

或

$$k = \frac{(G - T_2)f}{T_1 bL} > 1.0 \qquad (3-19)$$

将式（3-1）、式（3-13）、式（3-17）代入式（3-19）整理后得

$$k = \left[\frac{ah^{1/3}}{cn^2 v^2}(\rho_s / \rho_w - 1)(1 - \theta) - \frac{L}{2ch} \right] f > 1.0 \qquad (3-20)$$

3）碾压混凝土防护法。近些年来碾压混凝土防护措施被得到较多地采用。由于碾压混凝土具有较强的抗冲刷能力，当洪水期过水次数频繁，历时较长，流量及流速较大时，碾压混凝土的保护措施更加实用。碾压混凝土在施工上也较为方便，施工机械可与堆石填筑通用，具有施工速度快，施工强度高等优点。

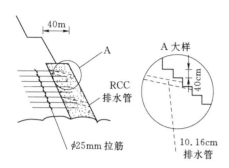

图 3-22　巴西辛戈坝过水防护断面图

巴西圣弗兰西斯科河上的辛戈坝在一期坝体填筑度汛中便采用了碾压混凝土进行坝后坡防护。设计要点如下：直线坡比 1：1.3（同下游坝坡）；碾压混凝土宽 4m，每层厚 0.4m；埋设直径 10.16cm 排水钢管，间距为 3m×3.2m（水平×垂直）；碾压混凝土通过锚筋与堆石体锚固，锚筋为 φ25mm，长 L=8m，延伸 2m 至碾压混凝土内。巴西辛戈坝过水防护断面见图 3-22。

根据有关工程的经验，面板堆石坝度汛期过水保护的重点为下游围堰和大坝下游坡面。水布垭水电站大坝在坡脚设置碾压混凝土过水围堰，既解决了大坝坡脚河床砂卵砾石层夹有粉土、粉质黏土透镜体，对坝坡稳定带来不利的问题，又简化了过流度汛保护措施。

3.2.3　面板堆石坝坝体防护

（1）上游边坡防护。混凝土面板堆石坝经过斜坡碾压的垫层坡面，尽管具有一定的密实度，但其抗水流冲蚀和外力破坏的性能很差，需要对垫层进行施工期防护处理。防护的主要作用在于：

防止暴雨或山洪径流冲刷坡面。上游垫层坡度达 35°以上（1：1.4），且垫层料粒径较小，细粒含量较高，抗冲刷能力较差。工程实践证明，当降雨量强度达 30mm/h，垫层坡面就会因雨水的溅落而使细颗粒流失，严重时坡面因集中水流而出现冲沟，特别是沿两岸山坡的集中水流将冲蚀坝体与岸坡连接处的料物而形成较大冲沟。

施工过程中保护垫层免受人为破坏。施工时，垫层上不可避免地受到施工人员的践踏和施工机械的损伤，如没有防护面层，在人员践踏和混凝土面板绑扎钢筋、浇筑混凝土等过程中会伴随大量的垫层料的滚落，引起垫层表面的不平或松散。垫层护面可成为混凝土面板施工的良好工作面。

利用堆石坝挡水或过水时，垫层护面可起临时防渗和防止淘刷作用。在汛期挡水或过水期间，作用在坝坡上的波浪压力远远超过静水压力，对边坡有很强的剥蚀作用，如没有垫层护面可能造成垫层表面的严重破坏，过堰洪水漂浮物会撞击垫层料，导致垫层料破坏。

基于以上三点，堆石坝垫层坡面防护有以下两方面的要求：第一，垫层护面层应具有一定的强度和一定的抗冲蚀、耐磨损性能，但不应要求护面层强度过高，弹性模量过大，以减小对面板混凝土的约束。护面层应该是半透水或不透水的。护面层应与垫层料结合紧密，防止出现剥落现象。第二，垫层护面应施工简便，满足快速施工的要求。一般来说，

垫层护面是一种临时性的保护措施，施工只有简便、及时地实施，才不致垫层坡面因未来得及保护而被雨水冲蚀，而且，这样做也可以为保护段以上的坝体填筑空出作业面，而不致过多地影响填筑施工。

综合国内外面板坝的建设经验，垫层坡面防护的方法常用的有喷乳化沥青、喷混凝土、碾压砂浆、挤压边墙等几种。国内若干面板坝工程垫层防护情况见表 3-2。

表 3-2　　　　　　　　　　　国内若干面板坝工程垫层防护情况表

水库名称	坝高/m	坝长/m	上、下游坡比	垫层料				保护层		建成年份
				岩性	D_{max}/mm	$d<5mm$/%	$d<0.1mm$/%	类型	厚度/mm	
西北口	95.0	222.0	1:1.4、1:1.4	白云质灰岩	80	30~40	<5	喷 200 号混凝土	50	1989
关门山	98.5	184.0	1:1.4、平均1:1.59	安山岩	150	14~40	<5	50 号碾压砂浆	40~80	1988
成屏一级	74.6	218.0	1:1.4、1:1.3	熔凝灰岩	80	上<20 下 35~45	5~8	150 号碾压砂浆	50~70	1989
龙溪	58.9	141.0	1:1.3、1:1.3	熔凝灰岩	80	20~35	2	25 号碾压砂浆	50	1990
株树桥	78.0	245.0	1:1.4、1:1.7	灰岩风化板岩	80	30	1	碾压砂浆	50	1990
小干沟	55.0	104.0	1:1.55、1:1.5	砂砾岩	150	30~50	2	碾压砂浆	50	1990
广东抽水蓄能上库坝	68.0	300.0	1:1.4、1:1.4	花岗岩	100	36	<5	碾压砂浆	50	1993
万安溪	93.8	212.0	1:1.4、1:1.3	花岗岩	80	30~40	<5	75~100 号碾压砂浆	50	1995
东津	85.5	322.0	1:1.4、平均1:1.4	砂岩	100	17~14	<5	碾压砂浆	50	1995
天生桥一级	178.0	1168.0	1:1.4、平均1:1.4	灰岩	80	36~55	<5	喷乳化沥青	25	1999
莲花	71.8	902.0	1:1.4、1:1.4 另设马道	混合花岗岩	80	20~40	<5	50 号碾压砂浆	50	1996
古洞口	121.0	182.5	1:1.4、平均1:1.5	砂砾石	80	35~50	<5	50 号碾压砂浆	50	
芹山	122.0	259.8	1:1.4、平均1:1.5		80			75 号碾压砂浆	50~80	2000
珊溪	132.5	448.0	1:1.4、1:1.57		80	30~50	5	50 号碾压砂浆	70	2001

1）喷洒乳化沥青防护。喷洒乳化沥青防护，是将乳化沥青与细砂交替喷洒、碾压形成的夹砂沥青复合面层。这种方法在国外施工较多，如阿里亚、塞沙那等坝均采用这种方法。

喷洒乳化沥青防护的方法，一般程序为：在上游垫层坡面整平、碾压以后，分 2 次或 3 次连续喷洒 1 层阳离子乳化沥青，用量为 1.75kg/m²。每次喷后立即撒 1 层经 3mm 筛筛选的干细砂，形成较为坚实的层面，保护层施工后的第 3d，在坡面上再用振动碾自上而下碾压数遍（有些工程此工序未做）。喷洒乳化沥青时，做好喷射压力、喷射距离与喷射厚度等工艺参数设置，还应注意撒铺细砂的厚度。

喷洒乳化沥青防护，可以得到较为坚实的保护面层，并可减小进入坝体的渗流量。但根据国内在西北口水电站工地的试验结果看，采用这种保护方法，施工程序较多，需用专用设备，面层经过一段时间的凝结固化以后，有的部位还可能出现不同程度的龟裂和剥落现象。天生桥一级水电站混凝土面板堆石坝采用了喷洒乳沥青固坡的方法，效果良好，边坡安全稳定。

2）喷射混凝土或砂浆防护。在混凝土面板堆石坝垫层面上应用喷射混凝土约始于20世纪70年代，主要见于哥伦比亚的安其卡亚、格里拉斯、萨尔瓦兴娜等水库大坝。我国的西北口水库混凝土面板堆石坝也采用了这种方法。大桥水库大坝则采用了喷砂浆的防护方法。

垫层坡面喷射混凝土防护的方法，是利用常规的地下工程喷护用的设备和工艺，只需在施工参数上稍加调整即可。由于垫层保护采用的喷射混凝土，是在松散基面的垫层坡面上喷护，与一般地下工程在坚硬的岩面上喷护不同，因此，在其配合比与喷射工艺的选择上，应使喷射混凝土不破坏垫层，使喷混凝土垫层面结合良好，同时还要有足够的抗渗与抵抗沉降变形而不致开裂的能力。因此，喷护施工中应研究特定条件下喷射混凝土配合比与喷射工艺参数的优化问题，应重点考虑：喷射混凝土质量的均匀性；喷射厚度的均匀性；防止喷射混凝土护面干缩、开裂；减少喷射混凝土回弹率；降低材料消耗、节省施工费用，尽量使施工简便。

喷射混凝土防护能得到坚实、渗透系数较小的保护面层。与喷射沥青防护相比，喷射混凝土具有防护性能好、施工程序单一、便于大规模机械化快速施工的优点。但喷射混凝土存在喷层厚度不均匀等缺点。

3）碾压水泥砂浆防护。碾压水泥砂浆防护，是在垫层坡面上摊铺干硬性水泥砂浆，然后用振动碾压实的方法。这种方法是近年来从关门山面板堆石坝开始应用的，我国混凝土面板堆石坝工程多数采用此方法，取得了较好的成效。

碾压水泥砂浆防护的程序与方法如下：

A. 摊铺：在坡面平整和一般压实以后，将拌和好的干硬性的水泥砂浆用自卸汽车运输上坝，卸至坝顶坡面以后，由人工顺坡而下扒平摊铺，厚度一般采用4～6cm。在坝面上分条摊铺，每条宽度可选为4～6m，对于个别凸凹不平的面用砂浆填平。

B. 碾压：摊铺完一个条带砂浆以后，即可用振动碾进行斜坡碾压。碾压遍数一般采用静碾一遍，半振碾（上振下不振）两遍。为找平整个垫层坡面，最后再全面静碾一遍。为防止碾压时出现裂缝，振动碾的运行速度一般向上振碾速度控制为 0.3～0.35m/s，向下速度控制为小于 0.4m/s。碾压错位时应搭接 10cm。

C. 防渗处理与养护：为减小渗漏，可在砂浆终凝（约摊砂浆 8h）前，在砂浆表面刷一层水泥浆，以便提高短期内的防渗性能（当急欲挡水时，可免去此工序）。水泥浆凝固后应洒水养护 21d 以上。

水泥砂浆采用低标号的，28d 抗压强度一般为 5MPa，渗透系数 $k \leq 1 \times 10^{-4}$ cm/s。砂浆稠度宜控制在 1～2cm，现场也可采用简易的方法评定，即手握即散的状态。关门山水电站工程中砂浆试验确定的配合比为水泥：砂：水＝1：8：1，水泥采用 425 号矿渣水泥，砂为当地河砂，细度模数为 2.75，单位水泥用量为 210kg/m³。

此外，也可采用人工涂抹水泥砂浆的方法，即人工直接在坡面工作台车上抹灰。这种方法要求水泥砂浆的稠度较大，厚度宜控制在 3～4cm 左右。

砂浆防护在坝面上经碾压密实以后，与垫层料紧密结合，砂浆凝结后形成模量高、整体性强的面板基础。砂浆护面作为面板基础在力学上具有合理的过渡性能，并可为面板施工提供一个平整、坚实的作业面。砂浆护面的渗透系数也较小。砂浆防护的优点是施工工艺简单、速度快，可以采用垫层斜坡碾压的设备。因此，碾压砂浆作为面板坝的垫层坡面的保护措施，在我国面板坝施工中使用较广。

4）挤压式边墙。挤压式边墙施工方法主要借鉴道路工程中的道沿机挤压滑模原理，而创造出的一种低弹性模量混凝土面板斜坡面施工新工艺，在巴西埃塔坝中得到成功应用。公伯峡面板坝采用自行研制边墙挤压机进行现场碾压试验，效果良好，并将此方法应用在水布垭水电站混凝土面板堆石坝中。这种方法使传统工艺中垫层料的斜坡碾压变为垂直碾压，可充分保证垫层料的压实质量，并且挤压式混凝土边墙在上游坡面形成规则、坚实的支撑面，可有效保证混凝土面板的均匀、协调变形，使面板稳定安全运行。同时，挤压边墙形成的上游坡面可抵御冲刷，在坝体挡水度汛方面具有良好功效。

（2）施工排水及反渗水处理。在面板坝坝体填筑中，特别是多雨地区或雨季施工时应做好坝面及两岸的排水工作。施工中常因未采取排水设施，集中水流冲蚀垫层，有时会产生较大的冲沟，而造成资金和工期的损失。如回填不实就会在运行期发生较大变形，影响周边缝的止水功能，这样的事故在国内外面板坝建设中是多见的。如哥伦比亚的安其卡亚大坝、萨尔瓦兴娜坝及我国的西北口、珊溪等水库大坝。因此，坝面及岸坡排水作为一种预防措施，必须引起重视。坝面及岸坡的排水设施应注意以下两点：

1）在坝体填筑过程中，尽可能保持上游坝面高于下游坝面，尽量避免坝上集中水流流向垫层。

2）在两岸头坝坡上，填筑导流堤或挖排水沟，将岸坡上下泄水流导向坝区以外，防止集中水流泄到填筑坝面。

有些面板坝曾发现水由下游向上游渗透的所谓"反渗"现象，给排水造成一定困难。如西北口水库大坝，由于没有修建下游围堰，上游河床趾板开挖较深，汛期坝体挡水，汛后上游基坑抽水时，使上游水位低于下游水位，反渗的水压力使上游垫层坡面的喷射混凝土保护层及垫层料破坏，只能在上游坡面设排水管减压，在施工完成后封堵。古洞口坝也因上游基坑开挖深度大，未修下游围堰，反渗量很大，造成上游基坑渗水量太大，排水困难，使基坑工作十分被动。面板坝施工中这个问题值得注意。

有的面板坝在浇筑第一期面板后，坝面继续施工时，施工用水及雨水的下渗会对已浇筑面板形成反渗的浮托力。为解决这个问题，可在下部面板上留适当排水孔，在施工完成后封堵。如巴西的辛戈大坝、我国的天生桥一级水库大坝等。

3.2.4 经济断面挡水

为了使汛前坝体填筑强度不致过高，又能使坝体发挥临时拦洪度汛作用，有时将坝体部分抢筑到拦洪高程以上，采取坝体经济断面挡水度汛，可使汛前完成坝体工程量大为减少，形成坝体临时度汛断面不仅是必需的，也是可能的。我国若干土坝工程采用经济断面挡水度汛工程量缩减效果见表3-3。

采用坝体经济断面挡水度汛时，采取以下防护措施：

（1）土石坝拦洪高程以上，顶部留有足够的宽度，以便在紧急情况下，仍有余地抢筑子堰，确保安全。

表 3-3 　　　　　我国若干土坝工程采用经济断面挡水度汛工程量缩减效果表

序号	水库名称	地理位置	流域	坝型	坝体总工程量/万 m³	临时断面工程量/万 m³	缩减工程量/万 m³	缩减工程量占总工程量的百分比/%
1	大伙房	辽宁抚顺	辽河	黏土心墙	778	606.3	171.7	22
2	岗南	河北平山	滹沱河	黏土心墙	1033	857.3	175.7	17
3	密云	北京		黏土心墙	2056.2	1560	498.2	24
4	王快	河北阜平	大清河	黏土心墙	861.4	676	185.4	22
5	岳城	河北邯郸	海河	黏土心墙	2402	1999	403	17
6	白莲河	湖北	浠水	黏土心墙	151.3	127.2	24.1	16

（2）确保临时断面边坡的稳定，其安全系数一般不低于正常设计标准。为防止施工期间由于暴雨和其他原因而坍坡，必要时采取简单有效的防护措施和排水措施。

（3）斜墙坝或心墙坝的防渗体一般不允许采用临时断面。

（4）上游垫层和块石护坡按设计要求填筑到拦洪高程，如果不能达到要求，则采取大块石或石笼（竹笼、铅丝笼）护面等临时防护措施。

（5）为了满足临时断面的安全要求，在基础清理完毕后，下游坝体部位按全断面填筑一定高度后再收坡，必要时结合设计的反滤排水设施统一安排。

3.3　混凝土坝过水度汛

3.3.1　缺口过水保护

混凝土坝一般是允许过水的，若坝身在汛前不可能浇筑到拦洪高程，为了避免坝身过水时造成停工，可以在河床部位的坝面上预留缺口或梳齿度汛，待洪水过后再封填缺口，全面上升。此外，根据混凝土浇筑进度安排，虽然在汛前坝身可以浇筑到拦洪高程，但一些纵向施工缝尚未灌浆时，可以考虑用临时断面挡水。

混凝土坝过水缺口高程较低时，呈淹没堰流，对建筑物一般不会造成破坏。当缺口高程较高时，水流呈非淹没流或挑流形式，在坝面处可能产生负压、气蚀，还可能对下游基础或其他建筑物造成冲刷破坏。坝体过水必须进行稳定与应力验算，针对不同坝型及其存在的问题，采取相应的防护措施。高坝设置缺口时要通过水工模型试验，妥善解决缺口形态、坝面水流状态、下游防冲等问题。混凝土坝预留缺口过水时，早龄期混凝土的抗裂能力较低，内部温度较高，如表面接触低温水时，很容易产生冷击裂缝，因此，对预留的过水缺口，应进行表面温度应力计算，并根据计算结果，采取适当的表面防裂措施。缺口过水保护措施有：

（1）在过水缺口的表面上铺保温被，上面用砂袋压紧。

（2）在过水缺口上喷一定厚度的喷涂剂，东风拱坝曾在过水缺口水平面上喷厚 10cm 的 B 型喷涂剂，上面铺一层塑料薄膜，再压砂袋（厚 50cm），以资保护。

（3）对缺口附近的混凝土，适当降低入仓温度，减小冷却水管间距，并适当延长一期水管冷却时间，以降低内部温度，减小内外温差。

（4）必要时，可在表层铺防裂钢筋，东风拱坝曾用过 $\phi22\text{mm}$、间距 20cm 或 $\phi16\text{mm}$、间距 20cm 的双向钢筋。

（5）加强洪水预报，使混凝土龄期达到 10d 以上后再过水，以便混凝土在过水时已有一定的抗裂能力。

（6）上、下游表面用内贴法粘贴聚苯乙烯泡沫塑料板保温。

（7）侧面过水的混凝土，在龄期 14d 前不拆除模板，利用模板防止冲刷，模板内侧粘贴聚苯乙烯泡沫塑料板保温。过水后，老混凝土内部温度比较低，继续浇筑上层混凝土时，为了控制上下层温差，应严格控制新混凝土的最高温度。

3.3.2 孔口封堵

混凝土坝或浆砌石坝结构中设置的孔口主要包括导流底（中）孔、泄洪底孔、排沙孔，部分孔口还兼用于施工期通航和放木，该类孔口除在施工完成后满足其功能需要，在施工期通常还需具备临时过水度汛功能。孔口施工期间，当汛期水位高于孔口底高程时，坝体孔口需临时闸门封堵挡水度汛，以保证孔口内部结构正常施工，临时闸门一般分为金属结构和钢筋混凝土两种结构形式，通常采用叠梁方式，便于在汛期前快速安装及拆除。

云南大理澜沧江小湾水电站大坝为双曲拱坝，坝体设有导流底孔，封堵空腔尺寸为 $6.2\text{m}\times11.2\text{m}$，设计水头 23.5m。2007 年汛期前，由于底孔上游封堵门槽空腔及二期混凝土未到坝顶，无法采用闸门挡水度汛，为保证下游二道坝及护岸项目正常施工，汛前采用钢筋混凝土叠梁式闸门对导流底孔进行临时封堵，单片梁重约 24.5t。安装时，底坎设置 15cm 宽橡胶带止水，门槽下游面钢衬垫设 30cm 宽橡胶带保护，预制梁接触面空隙采用预缩砂浆进行勾缝处理，汛前顺利完成闸门安装，施工简便。经汛期洪水检验，闸门止水效果良好，安全可靠。

山西河曲龙口水电站在大坝 12～16 号坝段设有 10 个底孔，底孔尺寸为 $4.5\text{m}\times6.5\text{m}$，设计挡水高度 35m，底孔设有弧形工作闸门和事故闸门。为满足汛期底孔弧形工作闸门安装要求，利用底孔弧门上游事故闸门槽设置临时封堵门。临时封堵门采用潜孔平板叠梁定轮闸门，采用金属结构分 3 节制作，单节重约 13.5t，采用工程现场设置的缆机吊装，3 节闸门可互换使用。通过挡水检验，闸门安装及运行状况良好，有效缩短了工程整体工期。

3.3.3 细部结构防护

（1）坝内式厂房汛期必须过流时，应采取临时封腔或腔内流水等措施保护。河床式或坝后式水电站厂房在尾水管以上部分未修建而必须过水时，应将锥形管口用盖板临时封盖，以免过水时水流混乱。未完建的河床式厂房度汛，应核算整体稳定和局部结构强度。

（2）通航建筑物的闸室或升船机室部分在施工初期一般可以过水，但应避免水流直接冲刷其底板和侧墙。当闸室或升船机室部分上升到一定高度时，闸室或升船机室内一般在进行金属结构和机电设备安装，不宜进水，可在下闸首安装叠梁门等进行临时挡水度汛。

（3）支墩坝的非实体结构在封腔前必须过流时，应采取临时封腔或腔内充水等措施。封腔后支墩坝过水时，应充分重视支墩的侧向稳定，并注意如下问题：缺口的形式与布置，应使支墩两侧水位保持平衡，避免产生过大侧压力；当下游水深较浅时，需注意水流对支墩间基础的冲刷；可在支墩间盖上混凝土预制板，以顺水流。

3.4 辅助设施度汛

3.4.1 度汛基本要求

（1）对主河槽洪水，两岸山坡、沟谷雨洪和场地内部雨水、废水，应采取防洪、排水措施，保证施工场地、施工设施不被冲毁。重要的施工场地不被淹没；次要的施工场地，可暂时停产或暂时停驶部分路段，在洪水或暴雨过后，应能顺利地排水清淤，迅速恢复生产和运行。

（2）主要施工场地的防洪、排水和防护应有统一规划。

（3）充分利用道路边沟、天沟、截水沟及桥涵截排山坡雨水，利用天然沟谷作为主要排水沟，利用沿主河槽的道路作防洪堤等，以减少工程量。

（4）防洪、排水系统应按照一定的标准进行设计。

3.4.2 边坡防护

水利水电工程施工场地，常因场地开挖而形成较高边坡，所以往往需要边坡防护。

（1）防护基本要求。

1）凡易于风化剥离或易于受雨水冲刷的土质、岩石边坡，应根据开挖形状和软弱层分布情况，用适当材料加以防护。

2）按有效而节省的原则，选用防护材料和结构。对于适宜草木生长的边坡应首先采用植物防护，不宜草木生长或边坡较陡，坡顶无截排山坡水设施时，首先采用可就地取材的防护结构。防护结构基础应牢固可靠，视情况设置伸缩缝和沉降缝、排水孔以及维修检查设施。

3）短期使用的场地边坡或坡上坡下无建筑物的边坡可不防护。

（2）常用的边坡防护结构主要包括干砌片石、浆砌片石、混凝土、浆砌石护墙、植物防护、抹面、喷浆、挂网喷浆、喷混凝土等多种形式。常用的边坡防护结构见表 3-4。

表 3-4　　　　　　　　　　　　常用的边坡防护结构表

结构类型	适 用 条 件	一 般 要 求
干砌片石	较缓土边坡（缓于 1:1.25）根部防护或局部已产生少量冲淘或少量滑塌处嵌补	1. 单层 0.2m，双层 0.3～0.55m。 2. 砌石下设垫层 10～20cm。 3. 基础宜做在坡下排水沟下，若水沟与基础连在一起，应做成浆砌石基础
浆砌片石	1. 较缓边坡根部防护。 2. 产生冲沟和部分滑塌部位	1. 砌筑厚度为 20～50cm，50 号水泥砂浆，垫层厚度 10～40cm。 2. 高边坡宜分级防护，每级高不大于 20m，级间设不小于 0.6m 平台。 3. 为增强护坡稳定性，每隔 6～10m 加筋。 4. 每隔 2～3m 设 10cm 排水孔
混凝土	1. 用于各种边坡防护。 2. 无合适石料地区	1. 现浇混凝土厚度一般不大于 30cm。 2. 与坡面贴紧

结构类型	适 用 条 件	一 般 要 求
浆砌石护墙	1. 适于各种土质、易风化剥落及破碎的岩石边坡。 2. 坡面已严重变形。 3. 边坡坡度处于极限稳定状态	1. 护墙厚度按本身稳定计算，等截面一般为 0.4～0.5m，变截面的顶宽一般为 0.4m。 2. 等截面护墙高度在边坡为 1：0.3～1：0.5 时不大于 6m；1：0.5～1：1 时不大于 10m；变截面护墙高度，单级不高于 12～15m，双级总高度不高于 25～30m。 3. 两级护墙衔接处设置平台。 4. 基础应埋入冻结线以下。 5. 为增加稳定性，每隔 4～6m 高设耳墙一道，耳墙宽 1.0m
植物防护	1. 适宜草皮生长、边坡较缓且不高。 2. 有草皮来源的地方。 3. 植树用于有适宜树木生长的土质，边坡缓于 1：1.5 的地方	1. 选择适于当地气候及土质的根系发达、茎低叶茂的多年生草种，播种时间应在春、秋季。 2. 草皮尺寸一般为 20cm×30cm×（5～10）cm，采用平铺并用竹木桩钉牢，铺前边坡挖松整平，有地下水时应排除，最好在温湿季节铺。 3. 选择根系发达、枝繁叶茂的低矮灌木，按 40～60cm 间距方格形或梅花形布置树坑
抹面	1. 用于易风化的软弱岩石边坡。 2. 坡度不限，坡面干燥	1. 采用 1：3 水泥砂浆、1：2：9 水泥石灰砂浆，厚度 2～3cm。 2. 施工前清除岩面风化层，并喷水保持湿润。 3. 避免在严寒季节和雨天施工，抹后加强养护。 4. 为提高防冲效果，表面可喷刷沥青两遍。 5. 抹层边缘应嵌入未抹岩面，并注意排除地表及地下水
喷浆及喷混凝土	1. 用于易风化岩层边坡，破碎易掉块岩面边坡。 2. 边坡无渗水	1. 用 1：3 或 1：4 水泥砂浆、1：1：6 水泥石灰砂浆，喷层厚大于 2cm；用 1：2：2～1：2：3 混凝土，喷层厚 3～5cm；或大于 5cm 时分两层。 2. 喷前岩面清洗干净。 3. 喷面应经常检查，裂缝及脱落处及时灌浆或补喷。 4. 有地下水渗出时应作排水孔
挂网喷浆及喷混凝土	1. 用于岩石严重风化破碎边坡。 2. 可承受一定岩体侧压力	1. 锚杆应锚于稳定岩层内至少 0.5～1.0m，用水泥砂浆灌注。 2. 挂网视情况用铁丝或盘条钢筋制成，并尽量沿岩面铺设。 3. 喷浆厚大于 3cm，喷混凝土厚大于 5cm 并盖住挂网

3.4.3 施工场地排水

（1）排水基本要求。

1）根据工程所处位置以及对环境保护的要求，结合当地地形及水文气象等因素，选择排水方式。施工场地排水一般采取合流制，以排洪沟槽为主要排水干渠，防洪、排水综合考虑。当工程地点下游紧邻城市或结合城市建设规划施工区，且有具体要求时，可采取分流制，并留有污水处理的余地。但无论取何种排水制度，有毒的工业废水应当净化，粪便应经过处理再行排放。

2）施工场地应保持一定坡度，以利场地地表排水。一般场地坡度不小于 0.3%，最好为 0.5%～1%。湿陷性黄土地区场地坡度不小于 0.5%，建筑物周围坡度应大于 2%。

3）对于多处相毗邻的施工场地尽量避免高差太大，以防止形成洼地积水。

4）合理确定排水流量及沟槽断面，合理确定底坡及防护加固类型，尽量采用不需加固的不冲流速，以期既满足排水要求，又节省工程量。

5）排水系统完善、畅通、衔接合理。

（2）主要排水建筑物。

1）山区地形排水建筑物。

A. 排水沟渠：一般用明沟或加盖明沟，由建筑物周围、场地周围的排水沟以及道路边沟、排水支、干沟或自然沟槽组成完整的排水系统，用来收集和排除地表雨水及生活、生产废水。其断面形式有三角形、梯形、矩形等。明沟一般距基础边缘不小于 3m，距围墙不小于 1.5m，距边坡坡脚视边坡加固情况为 0～1.0m。当明沟用不渗水材料加固时，不受此限。

B. 涵洞、倒虹管、渡槽及暗管：当排水沟渠穿越道路或建筑物时，若沟渠底低于路面或建筑物处地面适当高度，常用涵洞形式；若高于路面或建筑物处地面且可以保证净空时，采用渡槽形式；若与路面或建筑物处地面高度相当，涵洞不能保证过水断面时，采用倒虹管形式。

C. 堤防：当场地高程经常处于河槽高水位以下时设置堤防，以防倒灌。堤防常利用沿江公路、铁路，亦可用堆石加以防渗措施或用防冲挡墙加高的形式。

D. 出水口：出水口的形式与岸边防冲加固措施结合考虑。一般利用自然沟谷的出水口可不进行加固。当岸坡较高且土质易冲时，采用急流槽、跌水等形式。当出水口高程低于河流高水位，倒灌将引起沟槽淤积或淹没场地时，应在出水口设置闸门。

E. 排水泵站：低洼场地或出水口低于河流高水位而设置闸门时，设置排水泵站。水利水电工程工地排水泵站一般不需复杂建筑，由集水坑和若干台低扬程的水泵和简易泵房组成，可做成固定形式，亦可汛期临时安装使用。水泵台数应能排泄该处场地降雨、山坡及沟谷汇水的总和，集水坑的容积应不小于一台水泵 30s 的抽水量。

2）平坦地形排水建筑物。平坦地形排水建筑物一般采用暗沟、暗管排水，配套设施有检查井、溢流井、跌水井、水封井、雨水口、倒虹管出水口和泵站等。

（3）排水量的确定。

1）生活污水设计流量。

$$Q = \frac{qN}{24 \times 3600} K \tag{3-21}$$

式中　Q——居民区生活污水设计流量，L/s；

q——居民区生活污水标准，即每人每日平均排出的污水量，可参考给排水标准取用，L/(人·d)；

N——使用某段排水沟道的设计人数；

K——总变化系数，根据 $qN/(24 \times 3600)$ 值，参考表 3-5 选用。

表 3-5　　　　　不同平均日流量时的总变化系数 K 取值表

污水平均日流量/(L/s)	5	15	40	70	100	200	500	1000	≥1500
K	2.3	2.0	1.8	1.7	1.6	1.5	1.4	1.3	1.2

2）辅助企业废水设计流量。

$$Q = \frac{mMK}{3.6T} \quad (3-22)$$

式中 Q——辅助企业废水设计流量，L/s；

m——单位产品所产生的平均废水量，m；

M——产品平均日产量；

K——总变化系数，施工现场产生废水的生产单位不多，利用同一排水系统的情况更少，因此，实际上即为生产的不均匀系数，当 M 取企业设计生产能力时，$K=1$；

T——每日生产时数，h。

3）地表雨水设计流量。

$$Q = 167\psi Fi \quad (3-23)$$

式中 Q——地表雨水设计流量，L/s；

F——排水面积，m^2；

i——设计降雨强度，mm/min（可向当地气象部门查询）；

ψ——径流系数，按表 3-6 选用。

表 3-6 径 流 系 数 ψ 取 值 表

地表种类	ψ	地表种类	ψ
各种屋面，混凝土和沥青路面	0.90	干砌砖石和碎石路面	0.40
大块石铺砌路面和沥青贯入式路面	0.60	无铺砌土地面	0.30
级配碎石路面	0.45	公园或草皮	0.15

注　1. 如地表由几种不同吸水性的地面组成，按面积组成比例，取加权平均值。

2. 多雨地区，应考虑前期降雨使地面土壤处于饱和或半饱和状态，增大径流的影响，一般选用 0.6～0.8。山势陡峻，梯田很多地区取 0.9；草地较多、覆盖较好取 0.7；覆盖好、树木密布地区取 0.6。

（4）水沟断面及加固。

1）水沟断面。根据最大流量计算水沟过水断面的相关参数：

$$Q = \frac{1}{n}R^{2/3}i^{1/2}\omega \quad (3-24)$$

式中 Q——水沟需要排泄的最大流量，m^3/s；

R——水沟断面水力半径，m；

i——水沟纵坡；

ω——水沟过水断面面积，m^2；

n——水沟粗糙系数，按表 3-7 选用。

水沟排水流速应控制在允许不冲刷流速之内。

2）水沟加固。

A. 夯击表层：开挖水沟时沟底、沟壁少挖厚 5cm，在土中水分未散失前及时夯击至要求断面。适于一般黏性土层的梯形水沟。

表 3 - 7			水沟最大允许流速和粗糙系数 n 取值表		
水沟过水表面土质类型	最大允许流速 /(m/s)	粗糙系数 n	水沟过水表面 土质类型	最大允许流速 /(m/s)	粗糙系数 n
黏质砂土、粗砂	0.8	0.030	干砌毛（卵）石	2.0	0.020
砂质黏土	1.0	0.030	混凝土各种抹面	4.0	0.013
黏土	1.2	0.030	浆砌毛（卵）石	4.0	0.01
黏土	1.6	0.025	浆砌砖	4.0	0.015
软质岩石（石灰岩，中砂岩）	4.0	0.017			

注 1. 当水深小于 0.4m 或大于 1.0m 时，表中流速按下列系数修正：

　　水深小于 0.4m　乘以 0.85；

　　水深不小于 1.0m　乘以 1.25；

　　水深不小于 2.0m　乘以 1.40。

2. 最小流速不小于 0.4m/s。

3. 水沟坡度较大，致使流速超过上表面时，应在适当位置设跌水及消力槽，但不能设于水沟转弯处。

4. 质量较差的砖砌筑的水沟，其 $n=0.017$。

B. 干砌毛（卵）石护面：选用硬质未风化毛（卵）石，栽砌嵌紧，单层厚 20cm，砌石下铺砂砾石垫层厚 10cm。适于无防渗要求的梯形水沟。

C. 浆砌石护面：选用硬质未风化片石，用 50 号水泥砂浆砌筑，梯形断面单层厚 20cm，矩形断面单层厚 30cm。在寒冷地区砂浆标号为 75～100 号。适于有防渗要求的、流速大的各种水沟。

D. 预制混凝土板护面：混凝土板厚一般不小于 8cm，安装前坡面应整平夯实，板间缝隙用防渗材料填塞。适于流速大、有防渗要求的梯形断面沟。

E. 现浇混凝土护面：坡面应夯实、整平，垫层厚 10cm，混凝土护面厚度为 15～20cm。适用于流速大、防渗要求高的各种断面水沟。

F. 截水沟加固结构见图 3 - 23。

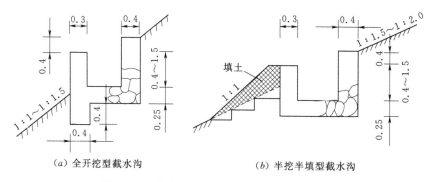

（a）全开挖型截水沟　　　　　　　（b）半挖半填型截水沟

图 3 - 23　截水沟加固结构示意图（单位：m）

3.4.4　道路桥涵度汛

施工场地范围内的所有运输线路、桥梁及涵洞等建筑物的设计洪水标准，除了需要特别考虑要提高标准（如主要的大桥或桥头引道、进入水电站厂房的线路或交通进出口等）以外，一般都与施工场地的设计洪水标准相适应。

（1）排水。

1）边沟。深度一般不小于 0.4m，在分水点处的边沟深度可减小到 0.2m。边沟纵坡一般不小于 0.5%，在平坡段可减小至 0.2%。

2）截水沟。当有较大的山坡地面水流流向路基时，宜在距路堑坡顶 5m 以外或距路堤坡脚 2m 外设置截水沟。截水沟的断面形式宜采用梯形，底宽一般为 0.5m，深度 0.4～0.6m，沟边坡 1∶1～1∶1.5，沟底纵坡不宜小于 0.5%，在条件困难地段可减小至 0.2%。

截水沟内的水流应引至路基范围以外排走，当受地形条件限制需通过边沟排泄时，应适当扩大边沟断面，并采取防止路基冲刷或淤塞边沟的措施。

3）排水沟。为了将边沟、截水沟的水引至沟谷、桥涵或汇集于一个排水构筑物，或分流于两个排水构筑物，均可采用排水沟。排水沟横断面宜采用梯形，其尺寸应按排水量计算确定，且纵坡不宜小于 0.5%，在条件困难地段可减小至 0.2%。

（2）防冲刷。道路桥涵边坡及坡底汛期前应根据情况进行防冲刷加固，常用加固方式主要包括铺草皮、抛石、抛混凝土预制块、干砌片石、浆砌片石、砌混凝土板、铁丝笼填石、挡土墙等。防冲刷加固方法及其适用条件见表 3-8。

表 3-8　　　　　　　　　防冲刷加固方法及其适用条件表

方法类型	适 用 条 件	一 般 要 求
铺草皮	1. 不受主流冲刷河段，流速小于 1.8m/s，容许波浪高大于 0.4m。 2. 边沟土质适合草生长。 3. 适宜草皮生长的地区。 4. 有流冰时不宜采用	1. 春夏季割取适宜在边坡上生长的草皮，不宜用沼泽地、泥炭地的草皮。 2. 草皮砖尺寸一般为 25cm×40cm×(6～10)cm。 3. 铺草皮坡需整平，草皮与坡面不留空隙，铺好后用 0.3～0.4m 长的竹木尖桩钉牢。 4. 坡脚基础伸出坡外不小于 1.0m，叠铺 1～3 层，顶面与原地面齐平
抛石	1. 不受主流冲刷河段，其适应流速与抛石块径有关，一般大于 1.8m/s。 2. 用于护岸、抢险及经常处于水位以下的边坡防护。 3. 有足够石方的地区	1. 石料：容重大于 2g/cm³，不风化，有一定级配。 2. 边坡：视流速与水深，应不陡于 1∶1.5，当波浪作用较强时，不陡于 1∶2。 3. 石料块径 D：当容重为 2.7g/cm³ 时： 堆石顶部石块 $D \geqslant \dfrac{v^2}{25}$（m） 堆石边坡上的石块 $D \geqslant \dfrac{v^2}{48\cos\alpha}$（m） 式中　v——行近水流的平均速度，m/s； 　　　　α——护坡表面与水平面交角。 4. 视防护边坡土质，可设反滤层。 5. 堆石顶宽不小于 2 倍最小块径。 6. 抛石基础宜稍低于河滩地面
抛混凝土预制块	1. 抛投块体重量、尺寸与流速有关。 2. 水深大、波浪作用力强烈河段或库区。 3. 无适宜石料的地区。 4. 可用于防洪抢险	

方法类型	适 用 条 件	一 般 要 求
干砌片石	1. 不受主流冲刷河段，流速大于1.8m/s；受主流冲刷河段、波浪作用强烈河段，流速小于4.0m/s。 2. 不宜用于有流冰的地区。 3. 有适宜石料地区	1. 石料坚硬、不风化、容重大于2.0g/cm³。 2. 护坡表层、石块换算直径： 考虑水流作用时： $$D \approx (12.3 + 0.38 P_{md}) \frac{v^2}{(\rho_s - \rho_0)\cos\alpha}$$ 式中 ρ_s、ρ_0——石料、水的密度，g/cm³； v——水流行近流速，m/s； α——护坡坡面与水平面交角； P_{md}——与水流流速脉动有关的试验观测值，kg/m²，砌面与水流平行或交角较小时，$P_{md} = 0 \sim 50$；砌面与水流交角较大时，$P_{md} = 0 \sim 80$；砌面与水流接近垂直时，$P_{md} < 300$。 考虑波浪作用时（边坡系数 $m > 2$ 时）： $$D \approx \frac{458 h_B}{(\rho_s - \rho_0)\cos\alpha}$$ 式中 h_B——设计波浪高，m。 3. 护坡厚度小于0.3m用单层，大于0.35m用双层。 4. 边坡土应夯实、整平，护坡石块嵌紧。 5. 护坡与边坡土之间设反滤层。 6. 护坡基础应设于冲刷线以下，冲深1.0m时，基础用干砌石，大于1.0m时，宜用浆砌石或混凝土
浆砌片石	1. 用于经常浸水或周期浸水、受主流冲刷或有较强波浪作用的河段边坡和库区岸边防护。 2. 适应流速与石料强有关：石料强度大于600N/cm²，流速6~8m/s，允许波浪高2m；石料强度300~600N/cm²，流速4~5m/s，容许波浪高度1.5m。 3. 可用于流冰地区	1. 选用强度高、抗风化石料，最小块径大于15cm。 2. 砌石厚度 δ： 考虑水流作用时： $$\delta = 24.5 \frac{v^2}{(\rho_s - \rho_0)\cos\alpha}$$ 考虑波浪作用时（边坡系数 $m > 2$ 时）： $$\delta = 305 \frac{h_B}{(\rho_s - \rho_0)\cos\alpha}$$ 式中符号意义同干砌片石计算。 3. 防冲护坡最小厚度一般不小于0.35m，双层砌石砂浆标号：在严寒地区用100号，在一般地区用75号。 4. 边坡夯实整平，砌石断面薄时，用级配砂石做10~15cm厚垫层；砌石断面较厚时垫层厚15~25cm。 5. 冲刷深度小于3.5m，基础应低于冲刷线0.5~1.0m；冲刷深度较大时，基础可置于稳定且有足够承载力的地层上，河床表面采用防淘刷措施。 6. 护坡及基础每10~15m留伸缩缝2cm，内填防渗材料，每2~3m留直径10cm或10cm×15cm泄水孔，梅花形布置，孔周做反滤层。 7. 在冰冻地区，用冰压力校核计算厚度；严重冰冻的库区，用冰盖层拔出力矩校核

方法类型	适用条件	一般要求
砌混凝土板	1. 比浆砌石更能适应水流及冰压作用，用于流速 4～8m/s 以上的河段。 2. 用于缺乏合格石料的地区	1. 混凝土标号：严寒地区大于 200 号，一般地区大于 150 号；混凝土板尺寸不小于 1.0m×1.0m，现浇宜每隔 1～3m 分缝，最小厚度不小于 6cm。 2. 块间缝隙用防渗材料填塞，缝宽 2cm。 3. 坡面必须夯实，并根据土质含水量设厚 10～40cm 垫层。 4. 其他要求同浆砌片石
铁丝笼填石	1. 受主流冲刷河段，流速 5～6m/s，允许波浪高 1.5～1.8m。 2. 用于坡面防冲或防止基底淘刷护底。 3. 适于正常护坡或防洪抢险抛投。 4. 无合格大块石，而中小石多的河段，可就地取材。 5. 有滚石河段或冲沟不宜采用。 6. 使用年限：镀锌铁丝 8～12 年，普通铁丝 3～5 年，竹笼 2～3 年	1. 石笼体形及砌笼方式：边坡较陡，用长方体或扁长方体叠砌；边坡缓于 1：2，用长方体或扁长方体平铺；防洪抢险，用长圆柱体。 2. 石笼断面：长方体 1m×1m，扁长方体 1m×0.5m，圆柱体直径 0.5～1.0m，沿长度方向每 3～5m 设框架。 3. 石笼一般用 6～8mm 铁丝双结扣编织，填塞石块时，尖角宜突出孔眼，外层用大块，内层用小块。 4. 石笼底铺卵粒石（碎石）垫层 0.2～0.4m。石笼间每隔一定距离用双铁丝互相连接
挡土墙	1. 有主流冲刷，水深流急河段或沟谷岸边，适应水流速大于 5～8m/s，允许波浪高大于 2m。 2. 建挡土墙收回坡脚比用较缓坡节省且安全时。 3. 有强烈流冰作用的地区	1. 防冲挡墙应按浸水条件、所受土压力、水流作用力或波浪作用力等的最不利组合设计。 2. 基础最好埋在不受冲刷的完整基岩上，可冲刷地层应埋入冲刷线以下 1.0m，若冲刷线很深，视情况采用沉井、桩基，在河面宽时采用平面防淘刷措施。 3. 墙后应设置集水、排水设施

3.4.5 大型施工设备度汛

（1）汛前加强大型施工设备的检查、维修及维护保养，确保汛期大型施工设备完好。

（2）雨天时，机械设备应有可靠的防雨遮盖措施，防止设备受潮出现漏电，或因短路问题而损坏，影响设备的正常运转。及时检查设备的动力线路，防止电线破损而导致在潮湿环境下漏电，危及人身安全。

（3）施工后机械停放至汛前规划的指定安全场地，严禁雨天随意停放，紧急情况下按规划好的设备撤离路线转移。

（4）对于过水频繁的基坑宜采用浮动泵站，以减少安装拆除工作量。但在洪水时段应将泵站固定在水流平缓的可靠部位。对门塔机等大型设备宜布置在水流较平缓的上游或不易冲刷的闸墩尾部或不过流坝块处，并在汛前预埋好锚桩等加固件。对于水泡易损结构（如行走电机等）在洪水到来前及时拆除撤离。

（5）对泵站、门塔机等大型设备的供电变压器，就近选择布置在安全可靠的高处平台。

3.5 生活办公设施度汛

3.5.1 固定办公生活营地

汛前，对固定办公生活营地周边可能存在的边坡滑坡及坍塌、冲沟可能发生泥石流等隐患应仔细排查，针对性采取清理边坡危石、设置截排水沟和挡墙等措施进行处理，并对存在滑坡隐患的边坡设置观测点，实时监测边坡变形情况，防止事故发生。同时，应对办公生活营地周边排水沟进行清理、修复与完善，保证排水设施通畅并与主排水系统连接，对出入道路进行平整、硬化，以便抗洪期间人员器材顺利撤离，确保人员和设施安全。

3.5.2 现场临时生活营地

（1）现场临时生活营地规划时，选择在场地较高的开阔地段布置，尽可能避开易发生滚石、坍塌及泥石流的危险边坡或冲沟附近，更不能布置在滑坡体上。营地场地平整时，应使其高出周边地区，并在四周设置排水沟。

（2）汛期来临前，提前对临时生活营地周边冲沟、边坡、排水系统进行仔细排查，并进行汛期风险分析，制定针对性的防汛方案，确定相应的安全防护措施并在汛前完成实施，编制应急预案，明确出现险情时的撤离线路，并在汛前及时组织演练。

（3）汛期来临前，一是疏通营地冲沟进出口石渣等障碍物，防止雨季山体冲积物进入营地内；二是对存在安全隐患的边坡，采取清除危石或必要的安全防护措施，防止危及营地人员和设施安全；三是清理和疏通排水涵、沟，保证汛期排水畅通；四是及时清理营地出入道路路面及周边障碍物，保证道路平整、通畅，以便洪期出现险情时人员及器材顺利撤离，确保人员和设备安全。

（4）建立汛期24小时值班制度，加强危险边坡的监测和边坡、冲沟等易出现险情部位的巡视，存在边坡出现滚石、坍塌和冲沟发生泥石流等危险时，立即组织人员撤离。

3.6 度汛组织和技术措施

3.6.1 度汛规划制订

（1）明确度汛任务。根据工程特点和进度，明确各年度度汛的对象，确定度汛范围。围堰及坝体施工度汛的水流状态较为复杂，无论采取何种度汛方式，对围堰和坝体的稳定、冲刷、气蚀及对下游的危害等，结予充分重视，制定详细的施工期度汛规划，重要的工程应进行水工模型试验验证。

（2）度汛计划。做好度汛方案规划，并在每年度枯水期末制订年度度汛计划，在施工中要求严格按规划度汛方案和度汛计划实施，以确保工程度汛安全。

度汛计划的内容主要包括：

1）工程概况：包括工程设计，施工进度要求，工程施工形象面貌等。

2）度汛方案：包括工程度汛项目，度汛标准，度汛工程形象要求等。

3）水文计算分析：包括水文资料复核，泄水建筑物泄流量复核，各标准流量对应的堰前和坝前水位。

4）建筑物度汛措施：包括各建筑物汛前应达到的工程形象面貌、汛期建筑物保护、抢险及备料措施、汛期继续施工的控制及保护措施、汛后恢复施工的安排等。

5）施工场地度汛：包括溪沟水文计算、防护标准、汛期应达到的工程形象及所需工程措施、度汛保护及抢险、备料措施等。

6）超标准洪水的应急抢险措施。

7）度汛组织机构。

8）度汛资源配置：根据度汛方案，计算出防洪物料及器材设备的种类、数量及来源，劳动力的数量，为建设单位防汛备料和组建防汛机构提供决策依据。

（3）度汛组织。每年度工程度汛均成立度汛领导小组，对度汛工作进行全面、周密的安排，并严格按计划实施。

度汛领导小组由建设单位牵头，设计、监理、施工等各参建单位参加，组长由建设单位主要领导担任，设计、监理、施工单位等主要领导担任副组长，建设、设计、监理、施工单位等相关领导为度汛领导小组成员。

领导小组全面负责度汛工作的安排、检查、验收、协调、督促与管理。各单位度汛工作分工一般为：建设单位为度汛工作领导单位，负责统一组织、协调和管理；设计单位负责工程度汛项目的技术工作；监理单位负责度汛工程项目施工质量的检查与确认、进度督促；施工单位负责度汛工程项目的承建，要求按建设合同及安全度汛工作领导小组的工作计划积极组织施工，保证施工质量，按期完成任务。

工程度汛工作领导小组应根据安全度汛要求制订安全度汛总目标，并将该目标分解到建设、设计、监理、施工单位。明确各单位的工作任务，明确各项工作任务的责任单位和责任人。

工程度汛工作实施过程中，应对度汛工作项目的施工进度和质量及时检查、督促，度汛工程项目工程完成后，由安全度汛工作领导小组组织建设、设计、监理、施工单位相关人员按规定的程序进行验收。

3.6.2 度汛技术措施

工程实践证明，遇到非常情况，只要采取有效措施，往往可以转危为安。通常采取的措施有：

1）适当提高防洪度汛设计标准。

2）提高设计和施工质量，并留有余地。

3）在围堰或临时坝体内设临时非常溢洪道。

4）加强洪水预报，必要时做好防汛抢险准备。

5）采用过水围堰或对围堰和临时坝体作过水防冲保护。

6）及时处理有关滑坡和塌方。

7）遭遇超标准大洪水时，采用围堰或临时坝体主动过流措施，以减少下游损失。

3.6.3 利用上游梯级联合度汛

在流域梯级开发中，上游建有梯级水库时，有调峰、削峰作用，当水库较大时，可控制其下游泄量，并利用上游已有水库及水情测报，进行调蓄调度，减少水电站施工期的防洪度汛压力，可满足两方面的需要：其一，可适当降低度汛标准，从而节约投资；其二，可适当延长枯水期，缩短汛期，从而延长坝体施工时间。

利用上游梯级联合度汛时，首先分析不同的洪水特点、变化规律、测预报特点等。然后结合枢纽特点，拟定调度方式。其次对各典型洪水进行计算，比选确定水库水位、控制断面流量等调度参数。最后推荐调度方案，并得到有关的调度效果、发电损失等。

可供调度使用的参数主要有：水库水位、入库（或坝址）流量、控制断面天然及控泄流量、流量变化趋势、泄洪建筑物启闭组合等。

主要调度方式有：水库水位控制法、入库流量控制法、下泄流量控制法等。

高坝洲水电站位于湖北省清江下游宜都市境内，为清江流域梯级开发的最下游一级枢纽，上游梯级隔河岩水电站已建成。高坝洲水电站工程二期工程施工充分利用了上游隔河岩水库的调蓄作用，增加二期基坑施工工期，将基坑过水时间推迟一个月，保护二期基坑施工至 1999 年 5 月底，为二期碾压混凝土坝体施工争取了必要的工期。

如果上游水库建在支流上，或虽在干流上，而有较大支流汇入时，干、支流的洪峰流量不能简单地叠加，需分析干、支流洪水的成因和发生时间，根据洪峰的传播时间考虑错峰作用，通过控制水库调度达到错峰的目的。如果水库调度不当，使干、支流洪峰遭遇，可能出现比天然情况下更大的流量。

3.6.4 做好洪水预报

施工防洪度汛，及时掌握水情是战胜洪水的关键。施工前就应全面认真分析流域内水文站网的布置，是否符合施工洪水预报的要求。若不能满足要求，则考虑增设必要的水文站和雨量站，特别是注意对暴雨中心雨量的监测，加强上游的前哨水文站。另外增设控制性的水情电台网和气象台网也是必要的，加强中短期的气象预报。自 20 世纪 80 年代开始，计算机及水文预报软件在水文预报的应用与开发，为水文局域网络的形成、水情自动测报系统的建立提供了技术保障。

短期预报是根据上游降雨后的汇流情况进行预报，也可根据短期气象预报进行周、旬或月的水情分析。工程实践表明，施工期的短期预报在同洪水斗争中起着重要作用，它有利于洪水来临之前，采取果断的有力措施。对于需要过水度汛的基坑或坝面，在过水前的撤退、过水后的基坑抽水与恢复，都必须依赖洪水预报。正常的预报能使施工掌握主动权，减免损失。因此，进入汛期，要启动切实可行的预报方案。

长期预报是指一年或数年的水情预报。它是根据气象分析，找出河流的水文规律，推求可能发生的洪水。目前只能定性分析，不能定量预报。尤其当发生超标准洪水时，对施工具有重要意义。

清江隔河岩水电站工程施工期间，除了及时掌握气象预报和水情预报外，在坝址上、下游分别设了 3 个水位站，并深入流域实地考察，运用计算机对历史资料进行分析，筛选优化了报汛站网，在重点站台使用无线电台报汛，同时加强报汛站网管理，严把报汛质量关。此外还建立了清江流域水文数据库，对水文预报模型进行了审定，编制了清江产、汇流预报方案，将新安江水电站的预报模型、美国的萨克拉门托预报模型、日本的水箱预报模型运用到隔河岩水电站施工洪水预报中，引进先进的水文自动化测报系统和数据处理中心设备，方案编制以次洪的洪峰和洪水过程的吻合为目标，提高涨洪段及洪峰出现的时间、峰值大小等的预报精度。每次洪水预报基本准确及时，保证了大坝基坑施工人员、机械设备、物资器材的安全撤离。在搞好短期预报的同时，还在湖北省、宜昌地区、鄂西州、长阳县的水文、气象部门的大力支持和密切配合下，在中长期预报上下工夫，利用洪水间隔期，为大坝混凝土浇筑和两岸灌浆平洞施工赢得了时间。

大广坝水电站位于海南省昌化江中游的东方县广坝乡，集水面积 $3498km^2$，占昌化江流域面积的 69%。流域的北、东南及西面地势高，西南和西北较低，这种"口袋"形地形对台风暴雨影响很大，有利于暴雨形成。上游流域多年平均降雨 1604mm，雨量年内分配极不均匀，5—10 月占 89%，其中又以 8 月、9 月降雨为最多，降雨地区分布从上游向下游递减，常见的暴雨中心有上游五指山区、中游黎母山山脉下段的雅加达岭和尖峰岭区。大广坝施工期间，结合流域地形、暴雨洪水特性、施工特点和资料情况，采用相应的水位预报和降雨径流预报相结合的方法，进行施工洪水预报。相应水位预报采用连续相关预报，即用毛阳、毛枝水位预报乐东，乐东预报广坝，将预报的广坝站水位通过 $Z \sim Q$ 关系曲线转换为预报流量，作为施工断面的流量预报。降雨径流预报方法的基本原理是在新安江蓄产流理论的基础上，根据流域产流实际情况和预报作业条件进行简化与修改而成的模型，先针对流域内降雨集中在汛期、降雨地理分布不均等情况，将流域按其自然分水岭划分成广坝、天池、乐东、毛枝、毛阳等 5 个单元块，计算各单元块的产流量，确定初始土壤蓄水量，最后进行汇流计算。由于水位相关预报考虑了降雨中心位置变化，能消除区间面积过大而影响相关关系的不利因素，还可利用乐东实测资料进行实时校正，预报方法简单实用，尤其是当中小洪水或降雨中心在乐东以上流域时，预报精度较高，预见期可达 8～11h。采用降雨径流预报可增大预见期、解决暴雨集中在乐东、广坝区间形成的区间洪水预报问题，在现场施工洪水预报中应用效果良好，对大中洪水的洪峰预报精度较高，并能增长 3h 以上的预见期。

　　龙羊峡水电站根据预报，全面分析了水情，摸清水库实际抗洪潜力，对于确立"保、顶、放、撤"的度汛方针，起了积极作用。所谓保系指确保围堰不溃缺；所谓顶系指导流隧洞不限泄，硬顶洪水；所谓放系指下游刘家峡水库逐步泄放，腾出库容，以防龙羊峡水电站围堰万一溃缺，刘家峡水库能容纳其下泄的水量；所谓撤系指龙羊峡水电站下游五个县的沿河居民尽快撤离。在具体分析水情中，分析了即将发生的洪水是哪种典型，其洪水过程特点以及可能出现的最大峰值和它到达的时间。在龙羊峡水库复核"实际库容"过程中，彻底弄清了"实际库容"较原设计库容增大 3 亿 m^3 的原因，其一是库区的渗漏；其二是水库回水形成的动库容；其三是上游唐乃亥水文站至坝前 130km 河槽的储蓄。据此，对龙羊峡水库的实际抗洪潜力有了把握，从而增强了战胜特大洪水的信心。

　　芹山水电站位于福建交溪水系穆阳溪上游，坝址控制流域面积 453km²，流域属中亚热带季风山地气候，温暖湿润，多年平均降雨量在 1620～2150mm 之间，洪水主要来源于台风雷雨。穆阳溪属山溪性雨洪河流，山高坡陡，河道坡降大，暴雨强度大，产汇流历时短、洪峰流量大、水位变幅大。在满足水文预报及通信要求的情况下，建立用三级中继接力电路，共设 8 个遥测站、3 个中继站和一个中心站的站网系统。其中，一级大麻岭中继控制全局，二级芹山顶中继控制泗桥、前溪、纯池、钟山桥 4 个雨量站及芹山坝头水位雨量站，三级担坑中继控制镇前、澄源 2 个雨量站及下温洋水位站。遥测站及中继站采用HTFS-8000 单向自报式遥测系统，做到野外连续工作、无人值守站点，自动采样，以超短波通信方式，实现高频 VHF/UHF 频段长距离数据传输。中心站使用 WindowsNT 下开发的开放式实时应用软件系统，实时接受收集流域各测站或中继站数据，进行合理性检查、处理，归类存储，对越限参数，自动报警，并在汉化界面上支持多屏、多窗口显示。水文预报软件运用新安江模型、非线性马斯京根汇流、水库调洪等方法，并结合小流域水文预报的最新技术编制而成。该系统自 1998 年起，为芹山水电站工程防洪度汛提供决策依据。

珊溪水电站工程位于浙江省南部的飞云江上，地处亚热带季风区，气候温和，雨量充沛，属暖温带多雨气候，坝址以上流域面积 3252km²，多年平均降水量 1876.9mm，年降雨量在 1280～2458mm 之间，年内分配不均匀，主要集中在 5—7 月的梅雨期和 8—9 月的台风期。为确保工程安全度汛和施工，需及时掌握上、下游水情及水文预报，采用浙江省水文局研制的姜湾径流模型，根据流域特性和施工需求，将珊溪坝址以上流域划分为 2 个单元，分别为百丈口水文站以上流域（控制流域面积 866km²，流域内有三插溪、司前、仙居雨量站和百丈口水文站）和百丈口至珊溪区间流域（控制流域面积 663km²，流域内有外坐、黄坦、西坑雨量站、珊溪等 4 个水位站），建立了由珊溪水电站工程总指挥部、赵山渡引水工程指挥部和珊溪水电站工程建设指挥部的 3 个中心及 12 个遥测站组成的 PSTN 遥测系统，该系统在 Windows 操作平台下运行，遥测数据准确，数据传输功能良好，1998 年、1999 年汛期向各部门和施工单位提供准确的水情信息和洪水预报（见表 3 - 9）。

表 3 - 9　　　　　　　　　　珊溪水电站工程模型预报值和实测值比较表

降水开始时间	降水终止时间	预报水位/m	预报时间	实测水位/m	出现时间
1998 年 5 月 14 日 2：00	5 月 14 日 13：00	63.50	5 月 14 日 17：00	63.32	5 月 14 日 18：00
1998 年 6 月 19 日 12：00	6 月 19 日 23：00	63.31	6 月 20 日 5：00	63.46	6 月 20 日 5：00
1998 年 6 月 21 日 7：00	6 月 21 日 18：00	64.75	6 月 21 日 21：00	64.75	6 月 21 日 21：00
1998 年 8 月 28 日 13：00	8 月 29 日 0：00	59.25	8 月 29 日 5：00	59.13	8 月 29 日 3：00
1999 年 10 月 10 日 7：00	10 月 10 日 14：00	56.71	10 月 10 日 17：00	56.54	10 月 10 日 18：00

3.6.5　加强水文复核和分析

在工程施工前的各设计阶段，对设计洪水、导流和永久泄水建筑物的泄流能力、施工期调洪演算等均进行了大量工作，大、中型水利水电工程的导流和永久泄水建筑物的泄流能力一般进行了模型试验论证，对影响堰前和坝前水位的其他因素如库岸滑坡等也进行了深入研究分析，确定了施工度汛对应各年度和不同洪水标准情况下的堰前、坝前水位，并据此制定了导流度汛规划。

（1）在工程施工阶段，由于地形和地质条件变化、施工质量和施工控制差异、工程变更等原因，可能引起河床地形、导流泄水建筑物的泄流能力等变化，主要变化包括：

1）受地形条件控制和施工控制不力等影响，岸坡施工道路、导流工程、大坝等开挖弃料不能全部运至指定弃渣场，部分开挖渣料直接弃于河床，并经洪水冲淤后，改变了河床的地形，可能影响导流隧洞等低高程泄水建筑物泄流能力和减小了库容量。

2）导流泄水建筑物施工质量差异，如导流隧洞、明渠等混凝土衬砌、护面的表面施工质量，施工测量控制质量等，均可能减小或增加导流泄水建筑物的泄流能力。

3）受地形、地质条件和其他因素影响引起的工程变更，如导流隧洞混凝土衬砌和喷混凝土支护形式的调整（改变了过水断面面积和过水面糙率、混凝土衬砌与喷混凝土支护间需设置过渡区），导流隧洞进、出口结构变更，导流明渠边坡坡度调整等，均影响导流泄水建筑物的泄流能力。

4）库岸滑坡，特别是大型滑坡的可能失稳造成的涌浪对堰前和坝前水位的影响较大，其稳定情况的变化对度汛安排影响较大。

（2）在工程度汛前进行以下水文复核和分析工作：

1）对库容和导流泄水建筑物有影响的区域河道地形进行复测，修改水库水位-库容曲线，对影响导流泄水建筑物泄水的地形进行必要的修整。

2）在坝址上、下游设水位和水文测站，修正坝址水位-流量关系曲线。

3）实测导流泄水建筑物泄水能力，修正导流泄水建筑物泄流能力曲线。

4）对库岸可能失稳并影响堰前和坝前水位的滑坡进行监测，分析其稳定性，调整其对堰前和坝前水位的影响值，如水布垭水电站库首存在 3 个较大的滑坡，可研阶段分析其稳定性较差，据此制定的工程度汛方案在施工期坝体挡水度汛时考虑了滑坡失稳产生的涌浪高度 8m，即坝体度汛临时断面高度在拦挡设计洪水的基础上又增加了 8m，增加了抢填临时断面的难度，且临时断面过高，也可能因填筑上、下游高差过大造成坝体不均匀变形等问题。在施工过程中，通过对滑坡的监测，分析其稳定性较好，调整了坝体度汛临时断面的顶高程。

4 抽 排 水

4.1 基坑抽排水

4.1.1 排水任务及内容

（1）基坑抽排水的任务。基坑抽排水的任务包括以下方面：

1）在上下游围堰合龙闭气或过水围堰过水之后，必须在一定的时间内将残留于基坑内的积水一次排出，即基坑一次性抽水，通常称为初期排水。

2）在基坑施工过程中，由于从围堰及地基渗透入基坑的渗流、降雨和施工废水等，也必须不断排出。

3）某些情况下，为保持施工场地的干燥，有的工程（特别是软基河床）还需要为降低地下水位而进行长期的抽水工作（排地下水）。

由于这后两种排水是经常不断进行的，因而称这两类排水为经常性排水，也称为基坑常年排水。基坑排水历时较长，如果处理得好，可为施工创造良好的条件；若处理不好，往往会给施工带来困难，甚至会直接影响整个工程的工期。例如，我国的丹江口水利枢纽工程，第一期基坑排水只用了 3d，第二期基坑排水用了 3d，分别按时排干了基坑积水，从而保证了工程施工。某水电站工程因其上游围堰截流龙口段基础未经妥善处理而急于进行基坑施工，加之排水设计考虑不周，当春汛来临时，地基渗水竟然将基坑淹没，不仅在经济上造成不应有的损失，而且延误了工期。再如苏联的上斯维尔水电站工程，第一期基坑排水历时达 60d，大大推迟了工期。我国的龙凤水电站，排水流量高达 $2m^3/s$，由此带来的电耗和必需的排水费用相当巨大。

（2）基坑排水设计的内容。

1）根据基坑一次性抽水及常年排水各自任务，分别计算相应的排水量，确定各阶段排水设备容量。

2）根据计算所确定的排水设备的最大容量、排水对扬程的要求以及可能提供的排水设备情况，选择排水设备的型号和数量，并分别提出各阶段排水机械设备需要的型号和数量的明细表。

3）进行各阶段排水系统的布置设计，确定抽水站（点）、排水沟、集水井的数量和位置，抽水机的安装高程及排水系统的土建工程量，并绘制分期排水系统布置图。

4.1.2 基坑一次性抽水

围堰合龙闭气后，为保证基坑干地施工，必须首先排除基坑内的积水、堰体和堰基渗水、降雨汇水等，即基坑一次性抽水，通常也称为初期排水。

（1）抽水量的构成。基坑一次性抽水量主要包括基坑积水、围堰堰体和地基及岸坡渗水、围堰接头漏水、降雨汇水等。对于混凝土围堰，堰体可视为不透水，除基坑积水外，只计算基础渗水量。对于木笼、竹笼等围堰，如施工质量较好，渗水量也很小；但如施工质量较差，则漏水较大，需区别对待。围堰接头漏水的情况也是如此。降雨汇水计算标准可采用基坑一次性抽水时段当月多年平均降雨量（换算为日平均降雨量）。

初期排水总抽水量为上述诸项之和。积水的计算水位，根据截流程序不同而异。当先截上游围堰时，基坑水位可近似地用截流时的下游水位；当先截下游围堰时，基坑水位可近似采用截流时的上游水位。过水围堰基坑水位应根据退水闸的泄水条件确定。当无退水闸时，抽水的起始水位可近似地按下游堰顶高程计算。基坑积水应包括围堰堰体水下部分及覆盖层地基的含水。

围堰堰体及地基的渗水量随基坑水位的下降而增大。渗水量与围堰结构形式、地基地质条件、防渗措施及初期排水时间长短有关。

（2）基坑水位降落速度及排水时间。为了避免基坑边坡因渗透压力过大，造成边坡失稳产生坍坡事故，对于土质围堰或覆盖层边坡，其基坑水位下降速度必须控制在允许范围内。一般开始排水降速以 0.5～0.8m/d 为宜，接近排干时可允许达 1.0～1.5m/d。其他形式围堰，基坑水位降速一般不是控制因素。对于有防渗斜墙的土石过水围堰和混凝土拱围堰，如河槽退水较快，与水泵降低基坑水位不能相适应时，其反向水压力差有可能造成围堰破坏，应经过技术经济论证后，决定是否需要设置退水闸或逆止阀。

排水时间的确定，在对基坑工期的紧迫程度、基坑水位允许下降速度、各期抽水设备及相应用电负荷的均匀性等因素进行综合比较后选定。一般情况下，大型基坑可采用 5～7d、中型基坑可采用 3～5d。

（3）排水量的确定。

1）计算法。

A. 根据围堰结构形式计算地基渗流量，将计算结果点绘成基坑渗流量与水位关系曲线（见图 4-1 之 a 线）。

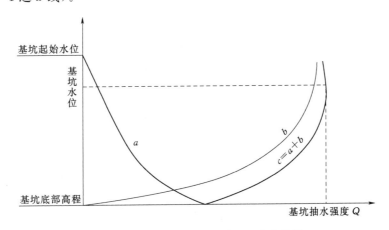

图 4-1　基坑水位与基坑抽水强度曲线图
a—基坑渗流量与水位关系曲线；b—积水排除强度曲线；c—基坑抽水强度曲线

B. 根据基坑水位允许下降速度，考虑不同高程的基坑面积后，求出积水排除强度曲线（见图 4-1 之 b 线）。

C. 将以上求得的曲线 a、b 叠加后，便可求得排水过程中的抽水强度曲线（见图 4-1 之 c 线）。其中最大值为基坑过水后排水的计算抽水强度。

D. 根据基坑水位允许下降速度，确定排水时间。以不同基坑水位的抽水强度乘上相应的区间排水时间之总和，便得基坑初期排水总量。

工程实践表明，基坑渗水主要与围堰种类、防渗措施、地基情况、排水时间等因素有关，渗流计算难以与实际状况相符，基坑初期排水总量常采用经验估算法，一般采用 3~6 倍的基坑积水估算，当覆盖层较厚，渗透系数较大时取上限。

2）试抽法。在实际施工中，制定措施计划时，还常用试抽法来确定设备容量。试抽时对出现的以下情况采取相应的措施：

A. 水位下降很快，表明原选用设备容量过大，应关闭部分设备，使水位下降速度符合设计规定。

B. 水位不下降，此时有两种可能性，基坑有较大漏水通道或抽水容量过小。应查明漏水部位并及时堵漏，或加大抽水容量再行试抽。

C. 水位下降至某一深度后不再下降。此时表明排水量与渗水量相等，需增大抽水容量并检查渗漏情况，进行堵漏。

（4）抽水泵站的布置。在确定排水设备容量之后，要进行排水泵站的布置。在进行这项设计时，注意以下几个问题：

1）充分利用有利地形，尽可能将泵站布置在岸边靠下游围堰坡脚处，使其扬程低、出水管路短，以节约动力、材料，便于管理和拆迁。

2）避免干扰施工、泵站转移次数过多。这就要求将泵站布置在基坑开挖线以外，对围堰施工干扰小的地势低洼的地方，以免影响后期基坑开挖、围堰的加高培厚及其运输等工作。

3）尽可能将抽水泵站的布置与经常性排水系统布置相结合，以提高设备的利用率。

初期排水泵站的布置视基坑积水深度不同，一般分为固定式和移动式两种。当基坑吸水高度在 6m 以内时，可采用固定式抽水站，此时常设在下游围堰内坡附近。当抽水强度很大时，可在上、下游围堰附近分设两个以上抽水站。当基坑吸水高度大于 6m 时，则以采用移（浮）动式抽水站为宜。移动式泵站可布置在浮船上，用软管与堰顶的固定钢管连接，排水时水落船降。也可将泵站布置在活动平台上，随水位下降而将平台用绞车逐步下放。排水管上设逆止阀，以防止水泵停止工作时倒灌基坑。

4.1.3 基坑常年排水

在基坑积水排干后，围堰内外的水位差增大，此时渗透流量相应增大。另外，由于基坑已开始施工，在施工过程中还有不少施工废水积蓄在基坑内，需要不停地排除，在施工期内，还会遇到降雨，当降雨量较大且历时较长时，其水量也是不可低估的。例如，丹江口水利枢纽工程一期围堰 6 月的日最大降雨强度达 22.8mm。凤滩水电站工程 11 月 1 日最大降雨强度达 42.7mm。因此，在初期排水工作完成后，紧接着进行经常性排水，这时，应进行周密的排水系统的布置，与此同时，进行渗透流量、施工废水和降雨量的分析计算以及排水设备的选择。

（1）排水量的组成。经常性排水由基坑渗水、降雨汇水、施工弃水等组成。

（2）排水量计算。

1）基坑渗水。主要计算围堰堰体和地基渗水两部分，应按围堰工作过程中可能出现的最大渗透水头来计算，最大渗水量还应适当考虑围堰接头漏水及岸坡绕流渗水量等。基坑排水中的渗流计算很复杂，一般常用的几种土石围堰及地基渗流计算图和公式，参见有关专著。对于复杂的渗流计算，请参考有关专著或采用电拟法试验进行。

基坑排水过程中堰身和地基渗流属非恒定流，为简化计算，假定其排水过程中的渗流按恒定渗流计算。围堰及地基的渗流运动，一般具有三向性质，但绝大多数渗流计算公式，仅适用于二向问题。为简化计算，基坑渗流近似按二向问题计算。计算中，将围堰沿轴线按地质地形变化显著地点分段（见图4-2），分别计算断面1、2、…、n 的单宽流量 q_1、q_2、…、q_n，然后按式（4-1）计算总渗流量 Q：

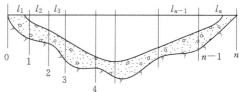

图 4-2 围堰渗流量分段计算图

$$Q = \frac{1}{2}\left[q_1 l_1 + (q_1 + q_2) l_2 + \cdots + q_{n-1} l_n\right] \qquad (4-1)$$

式中 q_1、q_2、…、q_n——各断面堰身和堰基单宽流量之和；

         l_1、l_2、…、l_n——断面间距。

在计算堰身渗流量时，假定地基不透水，全部渗流水头消耗在堰身渗流中。在计算地基渗流量时，则假定堰身不透水，全部渗流水头消耗在地基渗流中。这种假设算得的渗流量比实际渗流量偏大，其浸润线位置也比实际偏高。

2）降雨汇水。降雨汇水按一般时段和暴雨时段分别计算，一般时段可按多年年平均降雨量（换算为日平均降雨量）计算排水量；暴雨时段可按多年最大日降雨强度计算排水量，要求在1d排干来考虑最大排水强度。当基坑有一定的集水面积时，需修建排水沟或截水沟，将附近山坡形成的地表径流引向基坑以外。当基坑范围内有较大集雨面积的溪沟时，还需有相应的导流措施，以防暴雨径流淹没基坑。

3）施工弃水。包括混凝土养护用水，冲洗用水（凿毛冲洗、模板冲洗和地基冲洗等）、冷却用水、土石坝的碾压和冲洗用水、施工机械用水等。用水量应根据气温条件、施工强度、混凝土浇筑层厚、结构形式等决定。用水量可参考表4-1估算，但施工弃水量应在降水量中扣除，不可重复计算。

表 4-1   部分生产项目用水量参考表

项 目		计算单位	耗水量/L	备 注
机械施工	土方	$10^2 \, \text{m}^3$	350～400	
	石方	$10^2 \, \text{m}^3$	3500～4500	
	土石方	$10^2 \, \text{m}^3$	1800～2200	

项　目	计算单位	耗水量/L	备　注
混凝土施工	m³	1200～1300	包括拌和用水，此部分 不在排水之列
浆砌石施工	m³	500～600	
挖掘机、自卸汽车	台·h	30～35	
铲运机、推土机	台·h	70～5	
湿式凿岩机	台·h	240～300	
空压机	m³/min	40～80	
深孔穿孔机	台·h	400～600	

4.2　汛期基坑排水

4.2.1　排水设计

（1）基坑排水的任务。汛期基坑排水的主要任务是基坑经常性排水；对于过水围堰，汛期每次基坑过水后，也必须将基坑内的积水一次排出，以实现基坑干地施工。

（2）基坑排水设计基本资料。

1）岩基基坑岩石的性质、裂隙的大小及分布情况，出露的泉眼（承压水）的数量及渗水量大小。

2）覆盖层的颗粒级配组成，颗粒尺寸，渗透系数等。

3）基坑邻近及基坑范围内的地质剖面图及有关地质资料。

4）年内降雨分布、降雨量、降雨强度，特别是最大降雨强度和最大降雨量。

5）基坑地形图，建筑物施工导流布置图，建筑物基础开挖及施工道路、施工机械布置图。

6）施工中可能提供的燃料、动力及抽水机械设备的类型及数量。

7）导流建筑物特别是围堰的结构设计图。

（3）基坑排水设计内容参见第4.1.1条。

4.2.2　排水量计算与排水方式

（1）经常性排水。汛期基坑经常性排水由基坑渗水、降雨汇水、施工弃水等组成，排水量计算方法参见第4.1.3条。

（2）基坑过水后排水。

1）排水量的构成。基坑过水后的排水量包括基坑积水、地基及岸坡渗水、降雨汇水等。由于基坑施工期间，围堰堰体已进行防渗处理，堰体渗水量很小，除基坑积水外，一般只计算地基及岸坡渗水量。降雨汇水计算标准可采用排水时段当月多年平均降雨量（换算为日平均降雨量）。

基坑积水量按设计基坑水位计算，主要包括围堰防渗体内堰体水下部分及覆盖层地基的含水。地基的渗水量与围堰结构形式、地基地质条件、防渗措施及排水时间长短有关。

2）基坑水位降落速度及排水时间。基坑水位降落速度的确定参见第4.1.2条。汛期基坑过水后排水时间的确定，在综合考虑基坑内施工工期的紧迫程度、基坑水位允许下降速度、各期抽水设备及相应用电负荷的均匀性等因素，进行比较后选定。一般情况下，大型基坑可采用5～7d、中型基坑可采用3～5d。

3）排水量计算。基坑过水后排水与围堰截流后基坑一次性抽水类似，其排水量采用计算法和试抽法计算，具体方法参见第4.1.2条。

（3）排水方式。经常性排水有明沟式排水和人工降低地下水位两种方式。

1）明沟式排水。此方式适宜地基为岩基或粒径较粗、渗透系数较大的砂卵石覆盖层，在国内已建和在建的水利水电工程中应用最多。这种排水方式是通过一系列的排水沟渠，拦截堰体及堰基渗水，并将渗透水流汇集于泵站的集水井，再用水泵排出基坑以外。

基坑的明沟排水系统应考虑到两种不同的情况：一是基坑开挖时期；二是基坑开挖完成后修建主体建筑物时期。在这两个不同的时期内，排水系统的布置要求不同，但在布置时应尽可能全面照顾，一种布置兼顾两期使用。

基坑开挖过程中排水系统的布置以不妨碍开挖和运输为原则，集中与分散相结合，灵活布置。一般将排水干沟布置在基坑中部，以利两侧出渣，基坑开挖过程中排水系统布置见图4-3，随基坑开挖工作的进展，逐渐加深排水干沟和支沟，通常保持干沟深度为1.0～1.5m，支沟深度为0.3～0.5m。集水井布置在建筑物轮廓线外侧，集水井的井底应低于干沟沟底。

有时，由于基坑开挖的深度不一，基坑坑底不在同一高程，这时应根据基坑开挖的具体情况布置排水系统。有的工程就采用了层层拦截、分级抽水的办法，即在不同的高程上布置截水沟、集水井和水泵站，分级排水。

开挖结束后，为不影响主体建筑物的施工，其排水系统通常布置在基坑四周（见图4-4）。排水沟应布置在建筑物轮廓线外侧，且距坑边坡脚不小于0.3～0.5m。排水沟的断面尺寸和坡底大小，取决于排水量的大小，以保证雨水、渗水和施工废水顺畅地流入集水井中。一般排水沟底宽不小于0.3m，沟深不大于1.0m，底坡不小于0.002。在土层中，排水沟需用木板或麻袋装石来加固。

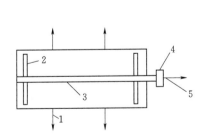

图4-3　基坑开挖过程中排水系统布置图
1—出渣方向；2—支沟；3—干沟；4—集水井；
5—抽水方向

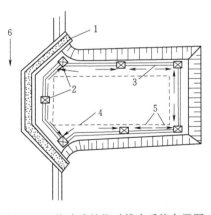

图4-4　修建建筑物时排水系统布置图
1—围堰；2—集水井；3—排水沟；4—建筑物轮廓线；
5—沟内水流方向；6—河流

集水井的井底高程应低于排水干沟底部高程 1.00～2.00m，其容积应保证抽水机停机 10～15min 而不致漫溢。其深度通常为 2～3m，平面长宽尺寸通常为 1.5～2m。土壤中挖井，其底面应铺填反滤料以防冲刷，井壁应用木板桩加固。排水沟和集水井剖面见图 4-5。

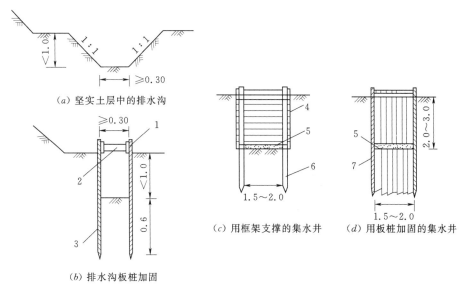

(a) 坚实土层中的排水沟

(b) 排水沟板桩加固

(c) 用框架支撑的集水井

(d) 用板桩加固的集水井

图 4-5　排水沟与集水井剖面图（单位：m）

1—厚 5～10cm 的木板；2—支撑；3—厚 3～5cm 的板桩；4—厚 4～5cm 的木板；

5—卵石护底；6—直径 20cm 的木桩；7—厚 5～8cm 的板桩

集水井不仅是用来集聚排水沟的水量，而且还有澄清水的作用。因为水泵的使用寿命与水中的含砂量有关，因此，为了保护水泵，安设的集水井宜略为大一些和深一些。

另外，为了减少扬程、节省电力和机械设备用量，在布置排水沟和集水井时，尽量利用地形有利条件，对高于围堰堰顶的水，尽量利用自流式排水。在基坑开挖边坡和围堰边坡上，尽可能分层布置排水沟和集水井，把渗透水或雨水按不同高程排出基坑之外（见图 4-6）。其排水沟和集水井的尺寸应根据不同的流量和土质决定，一般沟深不小于 0.5m，底坡不小于 0.002。

2）人工降低地下水位。在基坑开挖过程中，为了保证工作面的干燥，往往要多次降低排水沟和集水井的高程，经常变更水泵站的位置。这样，往往造成施工干扰，影响基坑开挖工作的正常进行。此外，当进行细砂土、砂壤土之类的基础开挖时，如果开挖深度较大，则随着基坑底面的下降，地下水渗透压力的不断增大，容易产生边坡塌滑、底部隆起以及管涌等事故。为此，采用降低地下水位的办法，即在基坑周围钻设一些井，将地下水汇集于

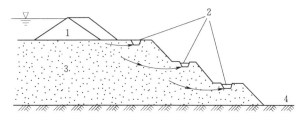

图 4-6　分层布置排水沟示意图

1—围堰；2—分层排水沟；3—覆盖层；4—基坑

井中抽出，使地下水位降低到开挖基坑的底部以下。

采用人工降低地下水位的方法，由于地下水产生倾斜流动，动水压力的垂直分力使土层密实，土层内浮容重变为湿容重，相对增加了上层土的自重对下层土的压实作用，从而使基坑的沉陷量减小，为基坑开挖创造了有利条件。地下水位降低后，边坡不受渗流作用，可以在较陡的情况下开挖。于是可以减少开挖量，降低工程投资和缩短工期。当然，由于要敷设井点系统，相应地也增加一些工程量和投资。因此，是否一定要采用人工降低地下水位的方式，需视各工程具体情况而定。

降低地下水位的方法很多，按其排水原理分为：管井排水法、真空井点排水法、喷射井点法、电渗井点排水法等。人工降低基坑地下水位的设计与计算请参考有关专著。

4.2.3　排水设备选择

无论是初期排水、经常性排水还是基坑过水后排水，当其布置形式及排水量确定后，进行水泵的选择，即根据不同排水方式对排水设备技术性能（吸程及扬程）的要求，按照所能提供的设备型号及动力情况以及设备利用的经济原则，合理选用水泵的型号及数量。

水泵的选择，既要根据不同的排水任务，不同的扬程和流量选择不同的泵型，又要注意设备的利用率。在可能的情况下，尽量使各个排水时期所选的泵型一致。同时，还需配置一定数量的柴油抽水机，以防事故停电对排水工作造成影响。

（1）泵型选择。一般常用离心式水泵。它既可作为排水设备，又可作为供水设备。这种水泵结构简单，运行可靠，维修简便，并能直接与电动机座连接。过水围堰的排水设备选择时，需配备一定数量的排砂泵。

离心式水泵的类型很多，在水利水电工程中，SA型单级双吸中开离心清水泵和S型单级双吸离心泵两种型号水泵应用最多，特别是在明沟排水时更为常用。

1）SA型单级双吸中开离心清水泵。

A. 用途：SA型单级双吸中开式离心泵可供输送最高温度不超过80C°的清水和物理、化学性质类似于水的纯净液体，适用于工厂、矿山、城镇、水电站、水利工程等给水排水。本型泵扬程为9.5～104m，流量为90～6300m³/h。

B. 型号意义说明。

例如：

C. 性能：SA型单级双吸中开离心清水泵性能见表4-2。

2）S型单级双吸离心泵。

A. 用途：S型单级双吸离心泵可供输送最高温度不超过80℃的清水和物理、化学性质类似于水的其他液体，适用于工厂、矿山、城镇、水电站给水和农田水利排灌等。

表 4 - 2 **SA 型单级双吸中开离心清水泵性能表**

型号	流量 Q		扬程 H /m	转速 n /(r/min)	轴功率 /kW	电动机功率 /kW	效率 η /%	汽蚀余量 (NPSH)$_r$ /m	叶轮直径 D$_2$ /mm
	m³/h	L/s							
6SA - 6	126	35.00	104.0		49.00		73	3.0	
	180	50.00	97.0		59.50		80	3.8	270
	216	60.00	87.0	2950	64.80	75	79	5.3	
6SA - 6A	119	33.00	91.0		42.00		70	3.0	
	170	47.20	84.5		50.10		78	3.7	255
	204	56.60	76.0		54.80		77	4.7	
6SA - 6J	72	20.00	24.0		6.45		73	2.6	
	90	25.00	22.5	1450	7.45	11	74	2.7	270
	108	30.00	20.0		8.40		70	2.9	
8SA - 7	216	60.00	99.0		78.60		74	4.0	
	280	78.00	95.0		90.80		80	4.7	272
	336	93.50	87.0		101.10	110	79	6.6	
8SA - 7A	210	58.40	87.0		68.10		73	4.0	
	262	72.80	83.0	2950	76.90		77	4.5	255
	314	87.20	74.0		83.30		76	5.7	
8SA - 7B	196	55.00	76.0		57.00		72	4.0	
	247	68.60	73.0		64.60	75	76	4.2	240
	300	83.40	63.0		71.40		72	5.4	
6SA - 8	108	30.00	58.0		24.40		70	2.9	
	160	44.50	54.0		29.00	37	81	3.8	205
	193	53.50	50.0		31.20		84	4.4	
6SA - 8A	108	30.00	46.0		17.80		76	2.9	
	144	40.10	44.0		21.50	30	80	3.6	185
	174	48.30	39.0		23.10		80	4.1	
6SA - 8B	108	30.00	38.0		15.50		72	2.9	
	133	36.90	36.0		16.90	22	77	3.4	170
	160	44.50	32.0	2950	18.10		77	3.8	
8SA - 10	194	54.00	71.0		52.10		72	2.8	
	280	78.00	63.0		59.30	75	81	4.1	235
	351	97.50	52.0		65.40		76	5.3	
8SA - 10A	180	50.00	58.0		40.60		70	2.7	
	259	72.00	52.0		46.50	55	79	3.8	217
	324	90.00	41.0		50.20		72	4.9	
8SA - 10B	173	48.00	48.0		32.20		70	2.6	
	239	66.40	44.0		36.60	45	78	3.5	200
	288	80.00	36.0		38.20		74	4.2	

型号	流量 Q		扬程 H /m	转速 n /(r/min)	轴功率 /kW	电动机功率 /kW	效率 η /%	汽蚀余量 (NPSH)r /m	叶轮直径 D₂ /mm
	m³/h	L/s							
10SA-6	720	200.00	89.0	1450	215.20	250	81	9.2	530
	540	150.00	94.0		177.20		78	6.3	
10SA-6A	720	200.00	76.0	1450	196.30	220	80	9.2	500
	540	150.00	84.0		154.50		80	6.3	
10SA-6B	720	200.00	67.0		164.30	190	80	9.2	470
	540	150.00	74.0		137.80		79	6.3	
10SA-6J (10SA-6C)	600	166.67	35.0	960	72.50	95	79	6.6	530
	500	138.89	39.0		65.60		81	4.7	
	400	111.11	42.0		58.70		78	3.6	
10SA-6JA (10SA-6D)	500	138.89	33.0		56.20	75	80	4.7	500
	400	111.11	36.0		49.70		79	3.6	
10SA-6JB (10SA-6E)	500	138.89	28.0		48.30	55	79	4.7	470
	400	111.11	32.0		44.10		79	3.6	
12SA-10	790	220.00	54.0		139.00	160	84	5.8	
14SA-10	1260	350.00	54.0	1450	250.00	280	88	6.9	466
	1080	300.00	68.0		230.00		87	6.3	
	900	250.00	70.0		206.50		83	5.1	
14SA-10A	1260	350.00	54.0		213.00	250	87	6.9	440
	1080	300.00	58.0		196.00		87	6.3	
	900	250.00	60.0		175.00		84	5.1	
14SA-10B	1260	350.00	44.0		179.70	220	84	6.9	425
	1080	300.00	48.0		162.20		87	6.3	
	900	250.00	51.0		149.00		84	5.1	
14SA-10J (14SA-10C)	1000	277.80	24.0		77.0	95	85		466
	800	222.20	28.0		70.2		87		
	650	180.60	30.0		63.2		84		
14SA-10JA (14SA-10D)	900	250.00	22.0	960	62.7	75	86		440
	720	200.00	25.0		56.4		87		
	600	166.70	27.0		52.5		84		
14SA-10JB (14SA-10E)	900	250.00	18.0		53.2	75	83		425
	720	200.00	21.0		47.4		87		
	600	166.70	23.0		44.3		85		
14SA-20	1260	350.00	26.0	1450	101.5	132	88	5.1	

型号	流量 Q		扬程 H /m	转速 n /(r/min)	轴功率 /kW	电动机功率 /kW	效率 η /%	汽蚀余量 (NPSH), /m	叶轮直径 D₂ /mm
	m³/h	L/s							
16SA - 9	1620	450.00	90.0		473.0	500	84	7.9	535
	1260	350.00	96.0		428.0		77	5.9	
16SA - 9A	1620	450.00	78.0	1450	410.0	440	84	7.9	510
	1260	350.00	85.0		370.0		79	5.9	
16SA - 9B	1620	450.00	68.0		349.0	440	86	7.9	
	1260	350.00	76.0		318.0		82	5.9	
	1080	300.00	78.0		298.0		77	5.2	
16SA - 9J (16SA - 9C)	1260	350.00	37.0	960	150.0	190.0	85	4.9	535
	1080	300.00	40.0		140.0		84	4.6	
	900	250.00	42.0		129.0		80	5.2	
16SA - 9JA (16SA - 9D)	1260	350.00	32.0		131.0	160	84	5.2	510
	1080	300.00	35.0		123.0		84	4.9	
	900	250.00	37.0	960	112.0		81	4.6	
16SA - 9JB (16SA - 9E)	1080	300.00	30.0		102.5		86	4.9	480
	900	250.00	32.0		95.0	112	83	4.6	
	800	220.00	33.0		89.0		80	4.6	
20SA - 6	2160	600.00	100.0	960	701.0	800	84	6.6	
20SA - 10	2160	600.00	60.0	960	401.0	500	88	6.6	
20SA - 14	2160	600.00	32.0	960	214.0	280	88	6.6	
20SA - 22	1980	550.00	21.0	960	133.0	160	85	5.2	466
20SA - 22A	1800	500.00	16.0		92.4	112	85	4.9	425
20SA - 22J (20SA - 22B)	1450	402.78	14.0	730	65.0	75	85	4.0	466
20SA - 22JA (20SA - 22C)	1300	361.11	9.5	730	39.6	55	85	3.5	425
20SA - 28	2160	600.00	13.0	960	86.0	110	89	6.6	
24SA - 6	3200	888.90	100.0	960	1025.0	1250	85	8.1	
24SA - 10	3420	950.00	71.0	960	727.0	850	91	9.1	765
24SA - 10J (24SA - 10A)	270	750.00	39.0	730	319.0	380	90	5.9	765
24SA - 10B	3084	856.70	57.8	960	533.0	600	90	7.3	690
24SA - 14	3200	888.90	50.0	960	490.0	560	89	8.1	
24SA - 18	3240	900.00	32.0		317.5	380	89	7.4	550
24SA - 18A	3000	833.33	23.0	960	211.0	250	89	6.4	490

型号	流量 Q		扬程 H /m	转速 n /(r/min)	轴功率 /kW	电动机功率 /kW	效率 η /%	汽蚀余量 (NPSH)$_r$ /m	叶轮直径 D$_2$ /mm
	m³/h	L/s							
24SA－18J (24SA－18B)	2600	694.44	17.5	730	134.0	160	89.0	4.4	535
24SA－18JA (24SA－18C)	2000	555.56	13.5		86.5	95	85.0	3.7	490
24SA－18D	2160	600.00	23.2		166.0	200	82.0	4.7	539
	3240	900.00	16.0		166.0		85.0	5.1	
	3450	958.00	14.2		163.6		81.6	5.5	
24SA－28	3200	88.00	21.0	960	196.0	250	89.0	8.1	
28SA－10	4700	1305.56	90.0	960	1252.0	1600	92.0	9.4	840
28SA－10J (28SA－10A)	3600	1000.00	52.0	730	555.0	625	92.0	5.7	
28SA－10JC (28SA－10B)	3000	833.00	47.0		431.0	500	89.0	5.1	775
28SA－10C	4336	1204.40	76.6	960	1005.0	1250	90.0	8.0	
32SA－10J (32SA－10)	5070	1048.33	48.5	585	752.0	1000	89.0	5.4	990
32SA－10 (32SA－10A)	6330	1758.33	75.0	730	1405.0	1600	92.0	8.4	990
32SA－10B	5760	1600.00	70.0	730	1200.0	1400	90.0	7.3	950
32SA－10C	5040	1400.00	62.0	730	945.5	1250	90.0	6.4	885
32SA－19	5400	1500.00	29.0	730	474.0	570	90.0	8.2	716
32SA－19A	5000	1388.89	26.0		393.5	440	90.0	7.2	680
32SA－19B	4700	1305.56	20.0		284.5	320	90.0	6.3	625
32SA－19JA (32SA－19C)	4000	1111.11	16.5	585	200.0	230	90.0	4.5	680
32SA－19JB (32SA－19D)	3800	1055.56	13.0		151.2	190	89.0	4.0	625
32SA－19E	4320	1200.00	36.8	730	512.0	570	84.5	5.9	750
	5278	1466.00	33.8		523.0		89.0	6.4	
	6034	1676.00	29.6		559.0		87.0	9.4	
32SA－19J	3456	960.00	21.6	585	231.5	260	87.8	3.5	716
	4320	1200.00	18.6		243.0		90.0	5.0	
	4615	1282.00	17.0		254.0		84.1	6.4	

B. 型号意义说明。

例如：

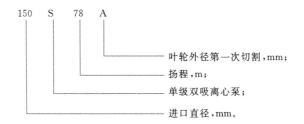

150　S　78　A

叶轮外径第一次切割,mm;

扬程,m;

单级双吸离心泵;

进口直径,mm。

C．性能：150～800 S 型单级双吸离心泵性能见表 4－3，800、1200 S 型单级双吸离心泵性能见表 4－4。

表 4－3　　　　　　　　　　150～800 S 型单级双吸离心泵性能表

型号	流量 Q /(m³/h)	扬程 H /m	转速 n /(r/min)	轴功率 /kW	电动机		效率 η /%	汽蚀余量 (NPSH)$_r$ /m
					型号	功率 /kW		
150S78	126	84.0	2950	40.00	Y250M－2	55	72	3.5
	160	78.0		45.30			75	3.5
	198	70.0		51.00			72	3.5
150S78A	112	67.0	2950	29.60	Y225M－2	45	68	3.5
	144	62.0		33.80			72	3.5
	180	55.0		38.50			70	3.5
150S78B	122	42.0	2950	21.70	Y200L－2	37	68	5.9
	144	40.0		22.80			70	
	170	37.0		24.97			68	
200S42	216	48.0	2950	34.90	Y250M－2	55	81	6.0
	280	42.0		37.70			85	6.0
	342	35.0		40.20			81	6.0
200S42A	198	43.0		30.50	Y200L－2	37	76	6.0
	270	36.0		33.10			80	6.0
	310	31.0		34.40			76	6.0
200S63	216	69.0	2950	55.10	Y280S－2	75	74.0	5.8
	280	63.0		59.30			82.7	5.8
	351	50.0		67.80			72.0	5.8
200S63A	180	54.5		41.10	Y250M－2	55	70.0	5.8
	270	46.0		48.30			75.0	5.8
	324	37.5		50.90			70.0	5.8
250S14	360	17.5	1450	21.40	Y200L－4	30	80.0	3.8
	485	14.0		21.70			85.8	3.8
	576	11.0		22.10			78.0	3.8
250S14A	320	13.7		15.40	Y180L－4	22	78.0	3.8
	430	11.0		15.80			82.0	3.8
	504	8.6		15.80			75.0	3.8

型号	流量 Q /(m³/h)	扬程 H /m	转速 n /(r/min)	轴功率 /kW	电动机		效率 η /%	汽蚀余量 (NPSH)$_r$ /m
					型号	功率 /kW		
250S24	360	27.0	1450	33.1	Y250M-4	55	80.0	3.5
	485	24.0		36.9			86.0	3.5
	576	19.0		36.3			82.0	3.5
250S24A	342	22.2		25.8	Y200L-4	30	80.0	
	414	20.3		27.6			83.0	3.5
	482	17.4		28.6			80.0	
250S39	360	42.5	1450	54.8	Y280S-4	75	76.0	
	485	39.0		62.1			83.0	3.2
	612	32.5		68.6			79.0	
250S39A	324	35.5		42.3	Y250M-4	55	74.0	
	486	30.5		49.2			79.0	3.2
	576	25.0		50.9			77.0	
250S65	360	71.0	1450	92.8	Y315M₁-4	132	75.0	
	485	65.0		108.0			79.0	3.0
	612	56.0		129.6			72.0	
250S65A	338	60.0		76.8	Y315S-4	110	74.0	
	462	53.0		89.4			77.0	3.0
	535	49.0		98.0			75.0	
300S12	612	14.5	1450	30.2	Y225S-4	37	80.0	
	790	12.0		31.1			83.0	5.5
	900	10.0		33.1			74.0	
300S12A	515	11.5		23.3	Y200L-4	30	73.0	
	675	9.7		23.9			78.0	5.5
	781	8.5		24.7			76.0	
300S19	612	22.0	1450	45.9	Y250M-4	55	80.0	
	790	19.0		46.9			87.0	5.2
	935	14.0		47.6			75.0	
300S19A	485	18.5		38.7	Y225M-4	45	71.0	
	693	14.8		39.2			80.0	5.2
	798	12.1		39.1			75.0	
300S32	612	36.0	1450	75.0	Y315S-4	110	77.0	
	790	32.0		79.2			81.0	4.6
	900	30.0		86.0			81.0	

型号	流量 Q /(m³/h)	扬程 H /m	转速 n /(r/min)	轴功率 /kW	电动机 型号	电动机 功率 /kW	效率 η /%	汽蚀余量 (NPSH)ᵣ /m
300S32A	537	29.5	1450	58.1	Y280S－4	75	80.0	4.6
	702	24.7		60.7			84.0	
	790	22.8		68.0			78.0	
300S58	576	65.0		136.0	JS₂355M₂－4	190	74.0	4.4
	790	58.0		148.5			84.0	
	972	50.0		165.5			88.0	
300S58A	529	55.0	1450	99.2	Y315M₂－4	160	80.0	4.4
	720	49.0		118.6			81.0	
	893	42.0		131.0			78.0	
300S58B	504	47.2		88.8	Y315M₁－4	132	73.0	4.4
	684	42.0		100.0			80.0	
	835	37.0		108.0			78.0	
300S90	590	98.0		202.0	Y355L₂－4	315	74.0	4.0
	790	90.0		242.0			80.0	
	936	82.0		279.0			75.0	
300S90A	576	86.0	1450	190.0	Y355M₁－4	280	71.0	4.0
	756	78.0		217.0			74.0	
	918	70.0		247.0			71.0	
300S90B	540	72.0		151.0	Y355M₁－4	220	70.0	4.0
	720	67.0		180.0			73.0	
	900	57.0		200.0			70.0	
350S16	972	20.0		64.0	Y280S－4	75	83.0	5.3
	1260	16.0		64.4			86.0	
	1440	13.4		71.0			74.0	
350S16A	800	13.7	1450	51.0	Y250M－4	55	74.0	5.3
	967	11.5		48.8			78.0	
	1167	8.6		49.0			70.0	
350S26	972	28.0			Y315M₁－4	132	85.0	6.7
	1260	26.0		6.7			88.0	
	1440	22.0					82.0	
350S26A	843	24.7	1450	76.5	Y315S－4	110	80.0	6.7
	1088	20.4		78.8			83.0	
	1264	15.7		80.0			73.0	

型号	流量 Q /(m³/h)	扬程 H /m	转速 n /(r/min)	轴功率 /kW	电动机 型号	电动机 功率 /kW	效率 η /%	汽蚀余量 (NPSH)ᵣ /m
350S44	972	50.0	1450	164.0	Y355M-4	220	81.0	6.3
	1260	44.0		177.6			87.0	
	1476	37.0		189.0			79.0	
350S44A	876	43.0	1450	121.0	Y315M₂-4	160	80.0	6.3
	1131	37.0		131.0			84.0	
	1350	31.0		136.0			80.0	
350S75	972	80.0	1450	271.0	Y400-39-4	355	78.0	5.8
	1260	75.0		304.0			85.0	
	1440	65.0		319.0			80.0	
350S75A	900	70.0		220.0	Y355L₁-4	280	78.0	5.8
	1170	56.0		247.0			84.0	
	1332	56.0		257.0			79.0	
350S75B	813	57.0		177.0	Y355M₁-4	220	75.0	5.8
	1060	53.0		197.0			82.0	
	1202	45.8		206.0			77.0	
350S125	850	140.0		462.0	JSQ158-4	680	70.0	5.4
	1260	125.0		531.0			81.0	
	1660	100.0		623.0			72.5	
350S125A	787	120.0	1450	391.0	JSQ148-4	570	70.0	5.4
	1157	107.0		462.0			78.0	
	1538	86.0		550.0			70.0	
350S125B	697	94.0		313.0	JSQ1410-4	500	70.0	5.4
	1027	84.0		373.0			77.0	
	1363	67.0		422.0			72.5	
500S13	1620	15.0	970	83.8	J315S-6 J315M₂-6	110	79.0	6.0
	2020	13.0		86.2			83.0	
	2340	10.4		82.8			80.0	
500S22	1620	24.5		140.4	J355M₃-6	200	77.0	6.0
	2020	22.0		144.1			84.0	
	2340	19.4	970	145.4			85.0	
500S22A	1400	20.0		103.0	J315M₁-6 J315M₃-6	132	74.0	6.0
	1746	17.0		101.0			80.0	
	2020	14.0		93.8			82.0	

型号	流量 Q /(m³/h)	扬程 H /m	转速 n /(r/min)	轴功率 /kW	电动机 型号	电动机 功率 /kW	效率 η /%	汽蚀余量 (NPSH)ᵣ /m
500S35	1620	40.0	970	207.6	Y400-43-6 JS137-6	280	85.0	6.0
	2020	35.0		219.0			88.0	
	2340	28.0		209.9			85.0	
500S35A	1400	31.0		144.0	Y355-46-6 Y400-39-6	220	82.0	6.0
	1746	27.0		151.0			85.0	
	2020	21.0		116.9			84.0	
500S59	1620	68.0	970	379.7	Y450-46-6 Y450-50-6	450	79.0	6.0
	2020	59.0		391.0			83.0	
	2340	47.0		374.4			80.0	
500S59A	1500	57.0		315.0	Y400-54-6 Y450-46-6	315	74.0	6.0
	1872	49.0		333.0			75.0	
	2170	39.0		320.0			72.0	
500S59B	1400	46.0		240.2	Y400-46-6 Y400-50-6	800	73.0	6.0
	1746	40.0		257.0			74.0	
	2020	32.0		247.9			71.0	
500S98	1620	114.0	970	644.8	Y500-54-6 Y500-64-6	800	78.0	6.0
	2020	89.0		678.0			79.5	
	2340	79.0		680.3			74.0	
500S98A	1500	96.0		509.3	Y450-64-6 Y500-50-6	630	77.0	6.0
	1872	83.0		540.0			78.5	
	2170	67.0		542.4			74.0	
500S98B	1400	86.0		431.4	Y450-54-6 Y450-64-6	560	76.0	6.0
	1740	74.0		452.0			78.0	
	2020	59.0		432.8			76.0	
600S32	3170	32.0	970	314.0	Y400-54-6	400	88.0	8.1
600S32A	2880	26.0	970	237.0	Y355-50-6	250	86.0	8.1
600S32B	2628	22.0	970	187.6	Y355-50-6	250	84.0	8.1
600S47	3170	47.0	970	461.0	Y450-54-6	560	88.0	8.1
600S75	3170	75.0	970	761.0	Y500-64-6	900	85.0	9.3
600S75A	2880	62.0	970	608.0	Y500-50-6	710	80.0	8.1
800S24	6998	24.0	730	514.0	Y500-54-8	560	89.0	9.3
800S24A	6624	21.5	730	440.5	Y500-46-8	500	88.0	9.3
800S48	5070	48.5	595	752.0	Y1000-10/1430	1000	89.0	5.8
800S481	6330	75.0	730	1435.7	Y1600-8/1430	1600	90.0	8.6
800S80	6696	80.0	730	1603.0	Y2000-8/1730	2000	91.0	11.1

800、1200 S 型单级双吸离心泵性能表

型号	流量 Q		扬程 H /m	转速 n /(r/min)	轴功率 /kW	电动机功率 /kW	效率 η /%	汽蚀余量 (NPSH)r /m
	m³/h	L/s						
800S32	4698.0	1305	35.0		575.0		78.0	
	5508.0	1530	32.5		580.0	710	84.0	6.5
	6012.0	1670	28.9		567.0		83.5	
	6462.0	1795	25.4	730	556.0		80.4	
800S32A	4536.0	1260	31.0		491.0		78.0	
	5310.0	1475	29.0		499.0	630	84.0	6.5
	5760.0	1600	26.5		498.0		83.5	
	6246.0	1735	23.0		487.0		80.4	
800S51	4285.0	1190	55.5		780.0		83.0	
	5357.0	1488	51.2	600	849.0	1000	88.0	7
	6428.0	1786	45.0		916.0		86.0	
800S55	4597.0	1277	59.5		898.0		83.0	
	5745.0	1596	55.0	600	978.0	1250	88.0	7
	6895.0	1915	48.0		1048.0		86.0	
800S80	5357.0	1488	89.0		1455.0		87.0	
	6696.0	1860	80.0		1603.0	2000	91.0	
	8035.0	2232	71.0	750	1717.0		90.5	10.5
800S80A	5082.0	1412	82.4		1311.0		87.0	
	6353.0	1765	76.0		1445.0	1600	91.0	
	7623.0	2118	67.0		1537.0		90.0	
1200S22	7920.0	2200	25.5		644.0		85.5	
	9612.0	2670	22.0		662.0	800	87.0	
	10800.0	3000	18.0	500	638.0		83.0	5.8
1200S22A	7200.0	2000	22.8		534.0		83.8	
	9000.0	2500	20.2		573.0	710	86.5	
	10080.0	2800	17.5		585.0		82.2	
1200S32	8640.0	2400	35.0		992.0		83.0	
	10800.0	3000	32.0		1082.0	1400	87.0	
	12960.0	3600	26.0	600	1073.0		85.5	7.7
1200S32A	7776.0	2160	32.5		834.0		82.5	
	9720.0	2700	29.0		887.5	1250	86.5	
	11664.0	3240	23.0		860.0		83.0	

型号	流量 Q		扬程 H /m	转速 n /(r/min)	轴功率 /kW	电动机功率 /kW	效率 η /%	汽蚀余量 (NPSH)ᵣ /m
	m³/h	L/s						
1200S39	7200.0	2000	42.5		1023.0		81.5	
	9000.0	2500	39.0		1092.4	1600	87.5	
	10800.0	3000	33.0		1155.0		84.0	
1200S39A	6480.0	1800	38.5		849.0		80.0	
	8100.0	2250	35.0	500	892.5	1250	86.5	5.5
	9720.0	2700	29.0		925.0		83.0	
1200S39B	5832.0	1620	34.0		675.0		80.0	
	7290.0	2025	31.0		718.0	1000	85.7	
	8748.0	2430	25.5		741.0		82.0	
1200S56	8460.0	2400	60.5		1736.0		82.0	
	10800.0	3000	56.0		1871.0	2240	88.0	
	12960.0	3600	47.5		1960.0		85.5	
1200S56A	7776.0	2160	54.5		1425.0		81.0	
	9720.0	2700	50.0	600	1512.6	2000	87.5	7.5
	11664.0	3240	42.0		1597.0		83.5	
1200S56B	6998.4	1944	49.0		1167.0		80.0	
	8748.0	2430	44.0		1218.9	1600	86.0	
	10497.6	2916	36.6		1280.0		81.5	
1200S72	10224.0	2840	72.0	746	2251.0	2500	89.0	11.7

当两种型号的水泵都能满足使用的技术要求时，则进一步根据水泵产品目录和厂家生产情况，确定其中较为经济、耐用的一种。当基坑渗水流量较大，为适应排水流量的变化，则选用多种流量的水泵，以保证渗水量小时水泵不致过多的停机，渗水量大时，也能满足排水要求。综上所述，选定的水泵型号不宜太少，也不宜太多。

通常，在初期排水时需选择大容量低水头水泵，在降低地下水位时，宜选用小容量中高水头水泵，而在需要将集中基坑积水的汇水排出围堰外的泵站时，则需选用大容量中高水头的水泵。为运转方便，可选择容量不同的水泵，以便组合运用。

（2）水泵台数的确定。在泵型初步选定之后，即可根据各型水泵所承担的排水流量来确定水泵台数。

需要指出的是，前面所述以及有关专著对渗流量的计算公式，都是在各种假设的边界条件下得到的。考虑到围堰水下施工条件差，施工质量难以保证，而地基的渗透系数，特别是对渗水量大小起控制作用的表面地基的渗透系数又难以准确测定。为此，为保证抽水工作的顺利进行，对计算求得的渗流量，应根据施工条件的好坏和地质资料的准确程度不同，乘以 1.2～1.5 的扩大系数，以此作为选择水泵台数的依据。抽水扬程除了扬水净高，还要计入抽水管路中的各项损失，扬程损失一般为扬程的 20%～30%。由此，各种型号水泵台数 n_i 按式（4-2）计算：

$$n_i = (1.2 \sim 1.5) \frac{Q_i}{\pi_i} K_i \qquad (4-2)$$

式中　　n_i——某一型号水泵台数；

　　　　Q_i——某一型号水泵所承担的计算排水流量，L/s；

　　　　π_i——某一型号水泵单机排水流量，L/s；

　　　　K_i——备用系数，可参考表 4-5 确定。

若某一型号水泵既用作初期排水，又用作经常性排水，则根据相应的排水流量分别计算后取其大值。

此外，需考虑抽水设备重复利用的可能性，单机重量及搬迁条件，设备效率以及取得设备的现实性、经济性等因素。水泵容量的设计还需配备一定的事故备用容量。备用容量的大小，应不小于泵站中最大水泵的流量，可按具体条件参考表 4-5 选定。

表 4-5　　　　　　　　　　　　水泵备用系数参考表

水泵工作台数	1	2	3	4	≥5
备用系数 K	100%	50%	33%	25%	20%

4.3　汛期地下工程排水

4.3.1　排水任务及内容

（1）地下工程排水的任务。地下工程排水主要是解决地下渗水及施工弃水的排放，地下渗水包括地下洞室开挖后围岩渗水、涌水及地下暗河流水等，施工弃水主要为开挖、混凝土浇筑及养护等形成的污水和废水。

地下工程排水宜采取"以排为主，防、排、堵相结合，多道防线，因地制宜"的综合治理原则。"排"即为利用洞室开挖支护期间形成的封闭排水系统，将渗水及施工弃水经排水沟汇集于集水井内，由抽水系统抽出洞室外；"防"即在分缝处设置止水；"堵"即针对渗漏水严重的地段，进行径向注浆，使水尽可能地被封堵在岩层内。

（2）地下工程排水设计基本资料。

1）开挖范围岩石的性质、裂隙的大小及分布情况，开挖范围内存在的含水空腔（或溶洞）、暗河的数量及水量大小。

2）开挖范围地面河流分布、降雨量及地下水补给情况等相关水文资料。

3）开挖范围内的地质剖面图、地下水位线分布及相关地质资料。

4）地下洞室的结构设计图及施工布置图。

5）施工中可能提供的燃料、动力及抽水机械设备的类型及数量。

（3）地下工程排水设计的内容。

1）对不同施工阶段渗水量进行估算，确定各阶段排水设备容量。

2）进行不同施工阶段排水系统的布置设计，确定抽水站（点）、排水沟、集水井的数量和位置，排水系统的土建工程量，并绘制分期排水系统布置图。

3）根据计算确定的排水设备的最大容量、排水线路的长度、各抽水站（点）排水对扬程的要求及可能提供的排水设备情况，选择排水设备的型号和数量，并提出不同施工阶段排水设备的型号和数量明细表。

4.3.2 排水量与排水方式

（1）排水量的组成。地下工程排水量主要由渗水及施工弃水两部分组成。

1）渗水。地下工程排水系统极其复杂，且水文地质条件多变，估算渗流量的方法有基于达西定律的面积法或剖面法，或者流网法。精确计算洞室排水系统渗水流量十分困难，目前常采用有限元法来进行计算，但计算十分繁琐。为此，可采用等效方法将整个地下洞室群排水系统简化为一个等效的大井来考虑，利用单井流量公式估算地下工程排水系统的渗水流量，可比较简单粗略地估算出地下工程排水系统的渗水流量。

2）施工弃水。包括开挖及灌浆钻孔冷却、除尘用水，冲洗用水（开挖及灌浆钻孔冲洗、凿毛冲洗、模板冲洗、地基冲洗等），混凝土冷却及养护用水，施工机械用水等。用水量根据不同的施工阶段各工序施工强度、结构形式等决定，水量可参考 4.1.2 中表 4-1 进行估算。

（2）排水方式。地下工程一般分为平坡、顺坡及逆坡开挖的洞室（段），相应其排水方式主要分为利用坡降自流排水（顺坡）和机械抽排（逆坡）两种方式。

自流排水方式主要是在施工过程中结合永久设计排水或临时排水设施，将工作面附近的积水用污水泵抽至排水设施内，再以自流的方式排放至洞外污水处理池内。

机械抽排方式是在洞室内及洞室岔口处设置集中排水泵站，施工弃水和渗水通过污水泵或潜水泵抽至泵站的集水井内，再由集中排水泵站内配备的抽排水设备抽排至洞室外，确保洞室工作面不积水。洞室线路长度较大时，一般每隔 300～400m 增设一个转运排水泵站。

4.3.3 排水设备选择

（1）泵型选择。地下工程通常采用污水泵和离心式水泵进行排水。污水泵属于离心杂质泵的一种，具有多种形式，如潜水式和干式等，目前最常用的污水泵为 WQ 型潜水污水泵，最常见的干式污水泵为 W 型卧式污水泵和 WL 型立式污水泵，而地下工程排水多采用潜水式污水泵。

1）离心式水泵。地下工程排水中采用的离心式水泵主要为 SA 型单级双吸中开离心清水泵和 S 型单级双吸离心泵两种型号水泵，其相关性能参数参见 4.1.3 中的表 4-2～表 4-4。

2）WQ（QW）型潜水式污水泵。

A. 用途：输送最高温度不超过 80℃带颗粒的污水、污物，特别适合于输送含有坚硬固体、纤维物的液体及特别脏、黏、滑的液体，也可用于抽送清水及带腐蚀性介质，适用于水利水电、市政工程等建设工程，以及工厂、医院、饭店等场所。

B. 型号意义说明。

例如：

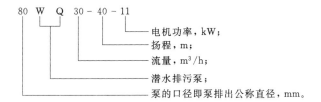

80 W Q 30 - 40 - 11

- 电机功率，kW；
- 扬程，m；
- 流量，m³/h；
- 潜水排污泵；
- 泵的口径即泵排出公称直径，mm。

C. 性能：WQ 型潜水式污水泵性能见表 4-6。

表 4-6   **WQ 型潜水式污水泵性能表**

型　号	流量 Q /(m³/h)	扬程 H /m	转速 n /(r/min)	轴功率 /kW	电动机功率 /kW	效率 η /%	总重量 r /kg
40WQ7-7-0.55	7	7.0	2830	0.31	0.55	43.0	10
40WQ7-15-1.1	7	15.0	2830	0.67	1.1	43.0	18
40WQ12-15-1.5	12	15.0	2830	1.17	1.5	42.0	60
50WQ7-10-0.75	7	10.0	2830	0.44	0.75	45.0	16
50WQ10-10-1.1	10	10.0	2830	0.61	1.1	45.0	18
50WQ15-7-1.1	15	7.0	2830	0.59	1.1	48.5	18
50WQ15-12-1.1	15	12.0	2830	0.96	1.1	51.0	18
50WQ6-22-1.5	6	22.0	2860	0.78	1.5	46.0	60
50WQ10-15-1.5	10	15.0	2860	0.83	1.5	49.5	60
50WQ18-15-1.5	18	15.0	2860	1.20	1.5	61.2	60
50WQ20-10-1.5	20	10.0	2860	0.88	1.5	62.0	60
50WQ25-10-1.5	25	10.0	2860	1.07	1.5	63.9	60
50WQ30-7-1.5	30	7.0	2860	0.88	1.5	65.0	60
50WQ9-22-2.2	9	22.0	1420	1.20	2.2	55.1	60
50WQ27-15-2.2	27	15.0	1420	1.78	2.2	62.0	60
50WQ15-30-3	15	30.0	1420	2.27	3.0	54.0	70
50WQ17-25-3	17	25.0	1420	2.13	3.0	54.5	70
50WQ25-25-4	25	25.0	1420	3.04	4.0	56.0	70
50WQ18-32-5.5	18	32.0	1420	3.08	5.5	51.0	130
50WQ25-30-5.5	25	30.0	1420	3.93	5.5	52.0	130
50WQ20-40-7.5	20	40.0	1420	4.04	7.5	54.0	150
50WQ25-36-7.5	25	36.0	1420	4.46	7.5	55.0	150
65WQ29-8-2.2	29	8.0	2860	1.01	2.2	62.5	70
65WQ30-10-2.2	30	10.0	2860	1.30	2.2	63.0	70
65WQ42-9-2.2	42	9.0	2860	1.55	2.2	66.6	70
65WQ20-22-3	20	22.0	1420	2.20	3.0	54.5	80
65WQ37-13-3	37	13.0	1420	2.26	3.0	58.0	80
65WQ30-18-4	30	18.0	1420	2.30	4.0	64.0	80

型　　号	流量 Q /(m³/h)	扬程 H /m	转速 n /(r/min)	轴功率 /kW	电动机功率 /kW	效率 η /%	总重量 r /kg
65WQ25 - 28 - 4	25	28.0	1420	3.08	4.0	62.0	80
65WQ30 - 22 - 5.5	30	22.0	1440	3.33	5.5	54.0	140
65WQ30 - 30 - 5.5	30	30.0	1440	4.23	5.5	58.0	140
65WQ30 - 35 - 7.5	30	35.0	1440	5.20	7.5	55.0	150
65WQ35 - 50 - 11	35	50.0	1440	8.22	11.0	58.0	380
80WQ30 - 7 - 1.5	30	7.0	2860	0.88	1.5	65.0	60
80WQ35 - 10 - 3	35	10.0	1420	1.63	3.0	58.5	100
80WQ50 - 7 - 3	50	7.0	1420	1.54	3.0	62.0	100
80WQ50 - 10 - 3	50	10.0	1420	2.03	3.0	67.0	100
80WQ40 - 15 - 4	40	15.0	1420	2.30	4.0	64.0	130
80WQ60 - 13 - 4	60	13.0	1420	3.17	4.0	67.1	130
80WQ50 - 15 - 5.5	50	15.0	1440	3.43	5.5	59.8	140
80WQ45 - 30 - 7.5	45	30.0	1440	6.18	7.5	59.5	200
80WQ65 - 25 - 7.5	65	25.0	1440	6.92	7.5	64.0	200
80WQ30 - 40 - 11	30	40.0	1460	5.64	11.0	58.0	380
80WQ50 - 40 - 15	50	40.0	1460	9.01	15.0	60.5	520
100WQ70 - 7 - 3	70	7.0	1420	1.94	3.0	68.8	100
100WQ70 - 10 - 4	70	10.0	1420	2.77	4.0	68.9	130
100WQ100 - 7 - 4	100	7.0	1420	2.73	4.0	69.5	130
100WQ65 - 15 - 5.5	65	15.0	1440	4.09	5.5	65.0	150
100WQ120 - 10 - 5.5	120	10.0	1440	4.62	5.5	70.8	150
100WQ50 - 27 - 7.5	50	27.0	1440	5.66	7.5	65.0	200
100WQ70 - 22 - 7.5	70	22.0	1440	6.48	7.5	64.8	200
100WQ100 - 15 - 7.5	100	15.0	1440	5.72	7.5	71.5	200
100WQ50 - 35 - 11	50	35.0	1460	8.55	11.0	55.7	380
100WQ100 - 22 - 11	100	22.0	1460	8.81	11.0	68.0	380
100WQ60 - 30 - 15	60	30.0	1460	7.91	15.0	62.0	520
100WQ80 - 32 - 15	80	32.0	1460	11.07	15.0	63.0	520
100WQ100 - 30 - 15	100	30.0	1460	12.02	15.0	68.0	520
100WQ80 - 40 - 22	80	40.0	970	14.35	22.0	60.0	780
150WQ140 - 7 - 5.5	140	7.0	1440	3.68	5.5	72.5	150
150WQ145 - 10 - 7.5	145	10.0	1440	5.52	7.5	71.6	200
150WQ210 - 7 - 7.5	210	7.0	1440	5.50	7.5	72.5	200
150WQ140 - 14 - 11	140	14.0	1460	9.58	11.0	71.6	380

型 号	流量 Q /(m³/h)	扬程 H /m	转速 n /(r/min)	轴功率 /kW	电动机功率 /kW	效率 η /%	总重量 r /kg
150WQ200-10-11	200	10.0	1460	7.46	11.0	73.0	380
150WQ150-15-15	150	15.0	1460	8.60	15.0	70.0	520
150WQ150-20-15	150	20.0	1460	11.68	15.0	70.0	520
150WQ200-13.5-15	200	13.5	1460	10.21	15.0	72.7	520
150WQ70-40-18.5	70	40.0	1470	13.13	18.5	58.1	780
150WQ150-25-18.5	150	25.0	1470	14.60	18.5	70.0	780
150WQ100-40-22	100	40.0	970	17.81	18.5	61.2	780
150WQ150-30-22	150	30.0	970	18.30	22.0	67.0	780
150WQ200-15-22	200	15.0	970	11.85	22.0	69.0	780
150WQ250-17-22	250	17.0	970	16.31	22.0	71.0	780
150WQ300-13-22	300	13.0	970	14.56	22.0	73.0	780
150WQ150-28-30	150	28.0	980	16.35	30.0	70.0	930
150WQ200-30-30	200	30.0	980	23.03	30.0	71.0	930
150WQ300-18-30	300	18.0	980	20.16	30.0	73.0	930
200WQ250-7-11	250	7.0	1460	6.81	11.0	70.0	380
200WQ300-7-11	300	7.0	1460	7.47	11.0	76.5	380
200WQ400-7-15	400	7.0	1460	9.86	15.0	77.4	520
200WQ300-10-15	300	10.0	1460	10.80	15.0	75.7	520
200WQ150-25-18.5	150	25.0	1470	16.35	18.5	70.2	660
200WQ400-10-18.5	400	10.0	1470	14.08	18.5	77.4	660
200WQ480-11-22	480	11.0	970	19.13	22.0	75.2	780
200WQ250-22-30	250	22.0	980	20.82	30.0	72.0	930
200WQ400-15-30	400	15.0	980	21.87	30.0	74.7	930
200WQ350-20-37	350	20.0	980	25.65	37.0	74.3	1080
200WQ250-35-45	250	35.0	980	36.60	45.0	65.8	1200
200WQ400-30-55	400	30.0	980	44.60	55.0	73.2	1360
200WQ600-20-55	600	20.0	980	43.10	55.0	75.8	1360
200WQ350-40-75	350	40.0	980	54.60	75.0	69.8	1870
250WQ600-7-18.5	600	7.0	1470	14.58	18.5	78.5	660
250WQ600-20-55	600	20.0	980	42.50	55.0	73.2	1360
250WQ700-22-75	700	22.0	980	60.85	75.0	68.9	1870
250WQ600-30-90	600	30.0	980	64.60	90.0	75.8	2100
250WQ700-33-110	700	33.0	980	82.60	110.0	76.1	2240
300WQ900-8-30	900	8.0	980	24.65	30.0	79.5	930

型　号	流量 Q /(m³/h)	扬程 H /m	转速 n /(r/min)	轴功率 /kW	电动机功率 /kW	效率 η /%	总重量 r /kg
300WQ800－15－55	800	15.0	980	42.70	55.0	76.5	1360
300WQ950－24－110	950	24.0	980	80.60	110.0	77.0	2240
350WQ1100－10－45	1100	10.0	980	37.40	45.0	80.8	1200
350WQ1200－18－90	1200	18.0	980	75.00	90.0	78.4	2100
350WQ1085－28－132	1085	28.0	980	107.10	132.0	77.2	2520
350WQ1000－36－160	1000	36.0	980	128.90	160.0	76.0	2880
350WQ1500－26－160	1500	26.0	980	136.60	160.0	77.9	2880
400WQ2000－13.5－110	2000	13.5	980	90.40	110.0	81.3	2240
400WQ1700－22－160	1700	22.0	740	130.20	160.0	78.2	2880
400WQ1800－32－250	1800	32.0	740	205.00	250.0	76.5	4690
450WQ2200－10－90	2200	10.0	980	73.70	90.0	81.3	2100
500WQ2600－15－160	2600	15.0	740	130.30	160.0	81.5	2800
500WQ2650－24－250	2650	24.0	740	225.10	250.0	76.9	4690
600WQ3500－12－185	3500	12.0	740	139.10	185.0	82.2	3420
600WQ3750－17－250	3750	17.0	740	216.70	250.0	80.1	4690

（2）水泵台数的确定。在泵型初步选定之后，即可根据各型水泵所承担的排水流量来确定水泵台数，各种型号水泵台数 n_i 可按式（4-2）计算，并配备一定的事故备用容量，备用容量的大小，应不小于泵站中最大水泵的流量。

5 工 程 实 例

5.1 溪洛渡水电站施工期度汛

5.1.1 工程度汛条件

溪洛渡水电站位于金沙江下游，距宜宾市 184km，左岸距四川雷波县城约 15km，右岸距云南永善县城 8km。工程由拦河大坝、泄洪建筑物、引水发电建筑物及导流建筑物组成。拦河大坝为混凝土双曲拱坝，最大坝高 278.00m，坝顶高程 610.00m，顶拱中心线弧长 698.07m；泄洪采用"分散泄洪、分区消能"的布置原则，在坝身布设 7 个表孔、8 个深孔与两岸 4 条泄洪洞共同泄洪，坝后设有水垫塘消能；发电厂房为地下式，分别设在左、右岸山体内，各装机 9 台、单机容量 700MW 的水轮发电机组，总装机容量 12600MW；施工期左、右岸各布置有 3 条导流隧洞，其中左、右岸各有 2 条与厂房尾水洞结合，导流隧洞采用"五洞截流，六洞导流"的布置方案。

根据溪洛渡水电站工程特点，大坝施工期导流分为截流、初期导流、后期导流及蓄水四个阶段。溪洛渡水电站导流建筑物布置见图 5-1。

（1）水文气象。溪洛渡水电站位于屏山水文站上游 124km，坝址控制集水面积 45.44km²，屏山水文站控制集水面积 45.86万 km²，区间面积仅占屏山水文站控制面积的 0.9%。

金沙江流域径流主要来自降雨，上游有部分融雪补给。径流年内分配与降水的季节变化一致。每年 4 月，随气温的逐步升高，融雪、融冰水也随之增加。5 月以后，径流渐变为江水为主，7—9 月为降雨最为集中的季节，也是径流量最大的月份。10 月以后降雨逐渐减少，金沙江上游及部分支流的上游

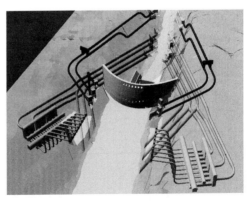

图 5-1 溪洛渡水电站导流建筑物布置图

地区又以降雪为降水的主要形式，径流渐变为以地下水补充为主。根据屏山水文站 1939 年 6 月—1998 年 5 月共 59 个水文年的流量资料统计，多年平均径流 4570m³/s，折合年径流量 1440 亿 m³。6—10 月径流量占全年的 74.8%，11 月至次年 5 月径流量占全年的 25.2%。年平均流量的最大值为 6390m³/s，最小值为 3330m³/s，两者之比仅为 1.92，年径流变化较小。

金沙江流域洪水主要由暴雨形成。构成本流域大洪水的降雨一般包括两个天气成因不

同的雨区：即高原雨区和中下游雨区。高原雨区的特点是强度小、历时长、面积大，故上游断面洪水过程涨落相对平缓、量大、历时长，对下游洪水起垫底作用。中下游雨区降雨的特点是雨强大、历时较短、暴雨呈多中心分布，对下游洪水起造峰作用，是形成下游出口段面大洪水的最重要的因素。除上述天然暴雨洪水外，流域内干、支流还发生过因垮山堵塞河道后溃决形成异常洪水的情况。

根据屏山站 1939—1998 年共计 60 年实测洪水资料与 1924 年、1860 年、1892 年、1905 年、1928 年、1966 年历史洪水共同组成不连序系列，作为计算样本，进行频率计算，溪洛渡水电站设计洪水计算成果见表 5-1。

表 5-1　　　　　　　　　　　溪洛渡水电站设计洪水计算成果表

Q_m 均值/(m³/s)	C_v	C_s/C_v	各种频率计算值 Q_P/(m³/s)				
			$P=0.01\%$	$P=0.02\%$	$P=0.1\%$	$P=0.2\%$	$P=1\%$
17900	0.3	4	52300	49800	43700	41200	34800

雅砻江上已建有二滩水电站，为季调节水库。各分期受二滩水电站影响的设计洪水，主汛期 7—10 月采用年最大流量计算成果，6 月、11 月独立进行频率计算。溪洛渡水电站分期设计洪水成果见表 5-2。

表 5-2　　　　　　　　　　溪洛渡水电站分期设计洪水流量表　　　　　　　单位：m³/s

频率 \ 使用期	$P=1\%$	$P=2\%$	$P=5\%$	$P=10\%$	$P=20\%$	$P=50\%$
1.1～1.31	3580	3500	3390	3300	3200	3040
2.1～3.31	3300	3230	3140	3060	2980	2840
4.1～4.30	4420	4180	3860	3610	3350	2980
5.1～5.31	7390	6710	5810	5140	4480	3640
6.1～6.20	18500	16900	14600	12800	10900	8150
6.21～10.31	34800	32000	28200	25100	21800	16800
11.1～11.30	8970	8280	7350	6600	5800	4560
12.1～12.31	4460	4320	4120	3960	3790	3500

（2）导流建筑物。

1）上、下游围堰。上、下游围堰均采用土石围堰。

上游围堰顶高程 436.00m，堰顶设置高 2.0m 的防浪子堰，最大堰高 78.0m，堰顶宽度 10.5m。迎水堰面坡度 1∶2.5，背水堰面坡度 1∶1.75。堰体防渗采用碎石土斜心墙，最大高度 58.0m。堰基防渗采用塑性混凝土防渗墙，防渗墙施工平台高程 381.00m，混凝土防渗墙最大深度 48.6m（包括楔形体混凝土），厚度 1.0m。

下游围堰顶高程 407.00m，最大堰高 52.0m，堰顶宽度 12.0m。迎水堰面坡度 1∶2，背水堰面坡度 1∶1.75。堰体防渗采用土工膜心墙，最大高度 33.8m。堰基防渗采用塑性混凝土防渗墙（或可控灌浆防渗帷幕），防渗墙施工平台高程 378.20m，混凝土防渗墙最大深度 45.2m，厚度 1.0m。

2）导流洞。初期导流在两岸坝肩与厂房取水口之间各布置 3 条导流洞，从左至右，左岸依次为 1 号、2 号、3 号导流洞，右岸依次为 4 号、5 号、6 号导流洞，1 号、2 号导流洞分别与水工 2 号、3 号尾水洞结合布置，5 号、6 号导流洞分别与水工 4 号、5 号尾水洞结合布置。导流洞断面尺寸为 18m×20m（宽×高）。

3）导流底孔。根据导流洞下闸封堵、下游供水和水库蓄水发电的要求，导流底孔分两个高程设置。在 13～18 号坝段高程 410.00m 布置 1～6 号 6 个低高程导流底孔，孔口尺寸为 5m×10m（宽×高）。在 11 号和 20 号坝段高程 450.00m 布置了 7～10 号四个高高程导流底孔，孔口尺寸为 3.5m×8m（宽×高）。

5.1.2　导流度汛标准

各导流建筑物的设计标准见表 5-3。

表 5-3　　　　　　　　　　各导流建筑物的设计标准

导流分期	施工内容	导流时段	频率/%	流量/(m³/s)	备注
截流	河床截流	2007 年 11 月上旬	10（旬平均）	5160	
初期导流	围堰挡水	2007 年 11 月—2011 年 6 月	2	32000	
后期导流	坝体挡水度汛	2011 年 7—10 月	1	34800	
	导流洞下闸	2011 年 11 月中旬	10（旬平均）	4090	1 号、6 号导流洞
	导流洞封堵	2011 年 11 月—2012 年 5 月	5	7350	1 号、6 号导流洞
	坝体挡水度汛	2012 年 7—10 月	1	34800	
	导流洞下闸	2012 年 11 月中旬	10（旬平均）	4090	2～5 号导流洞
	导流底孔下闸	2012 年 12 月上旬	10（旬平均）	2910	1 号、2 号、5 号、6 号底孔
	导流洞封堵	2012 年 11 月—2013 年 4 月	5	7350	2～5 号导流洞
	导流底孔封堵	2012 年 12 月—2013 年 4 月	5	3520	1 号、2 号、5 号、6 号底孔
	导流底孔下闸	2013 年 5 月初	10（旬平均）	2340	3 号、4 号底孔
	坝体挡水度汛	2013 年 7—10 月	0.5	37600	
	导流底孔下闸	2013 年 11 月中旬	10（旬平均）	4090	7～10 号底孔
	导流底孔封堵	2013 年 11 月—2014 年 4 月	5	7350	3 号、4 号、7～10 号底孔
蓄水		2013 年 5—6 月			85% 保证率

5.1.3　导流方式

溪洛渡水电站坝址处河谷狭窄，两岸谷坡陡峻，河谷断面呈基本对称的窄"U"形。河床覆盖层厚 10.0～35.0m，坝基、坝肩均为坚硬完整的玄武岩。坝区河段径流峰高量大、历时长，枯水期河面宽 90.0～110.0m。

经研究论证确定了一次断流围堰挡水、隧洞导流、主体工程全年施工的导流方式。

初期导流方案：两岸各布置 3 条导流洞导流，其中 1 号、2 号、5 号、6 号导流洞分别与水工 2～5 尾水洞结合布置。1～5 号导流洞进口高程 368.00m，6 号导流洞导流洞进口高程 380.00m。3 号、4 号导流洞出口高程 364.50m，其他导流洞出口 362.00m。导流洞断面尺寸均为 18.0m×20.0m（宽×高），断面形式均为城门洞形。

后期导流为坝体设置导流底孔的导流方式。

5.1.4 水流控制及安全度汛

根据施工总进度计划，工程从 2007 年 11 月主河床截流至 2014 年 4 月工程全部完工，共经历 6 个汛期，施工期安全度汛工作是大坝工程建设的一个重点。

（1）导流程序及规划。施工导流程序及规划见表 5-4。

（2）各年度度汛计划。施工期防洪度汛计划见表 5-5。

（3）各年度大坝度汛形象。施工期大坝浇筑形象控制见表 5-6。

（4）安全度汛。工程于 2007 年 10 月下旬预进占，进占设计流量按 7600m³/s 考虑。2007 年 11 月上旬截流，截流标准采用 11 月上旬 10 年一遇月平均流量，相应设计流量 5160m³/s。考虑到该工程水力学指标较高，且溪洛渡水电站工程规模巨大，其发电及社会效益显著，截流工程的成败直接影响发电工期，按招标文件要求和为了保证截流成功，施工中按流量 6500m³/s 进行了超标准截流预案设计及模型试验研究，并按该流量准备截流抛投材料。

工程实际截流进占情况如下：2007 年 11 月 7 日 8：48 开始截流进占，至 11 月 7 日 23：00，左岸进占长度 29.84m，右岸进占长度 23.43m，总进占长度 53.27m，龙口剩余宽度 8.14m。每小时最大进占长度 8.71m，每小时平均进占长度 3.75m，总共抛投物料 30618m³。

2007 年 9 月导流洞完建，同年 11 月上旬河道截流，2007 年 12 月至 2008 年 6 月进行围堰基础防渗墙和围堰堆筑施工。2008 年 7 月至 2011 年 6 月，导流设计流量 $Q_{P=2\%}=32000m^3/s$，由 6 条导流洞共同宣泄，上游水位 434.80m，采用土石围堰挡水。

2008 年 10 月基本完成大面积开挖，10 月 18 日开始左岸 A 区置换混凝土浇筑。由于建基面验收时发现开挖揭露的坝基地质条件较差，先后进行了 4 次较大建基面设计变更和左、右岸坝基地质缺陷开挖处理方案调整。2009 年 2 月 25 日完成大坝调整建基面开挖，3 月 27 日开浇大坝混凝土，较合同工期相比，开浇时间滞后约 7 个月。河床坝段固结灌浆阶段，设计对大坝基础固结灌浆施工参数进行了多次优化，调整加密了固结灌浆孔，新增了锚筋桩施工，大大增加了河床坝段基础固结灌浆和基础处理工程量。另由于河床坝段基础地质条件差，固结灌浆施工工效低，现场处理仓面裂缝等占用了较长的直线工期，以及后期增加补强固结灌浆孔，以至于河床坝段固结灌浆工期严重滞后，从而影响了混凝土的上升进度。据分析，因河床坝段基础固结灌浆工程量（含补强灌浆）增加等原因导致大坝混凝土浇筑施工进度滞后约 4.5 个月，进而导致坝体混凝土施工进度相对于合同工期滞后约 11.5 个月。最终于 2011 年 5 月底坝体混凝土浇筑至高程 440.00m（滞后合同工期 131d），不具备临时挡水条件。根据导流风险分析成果及四方会议研究决定，2011 年汛期仍采用围堰挡水方案，并采取相应应急预案措施，实施效果良好。

2012 年 5 月底，坝体接缝灌浆至高程 467.00m。2012 年 7—10 月，100 年一遇洪水流量 $Q_P=1\%=34800m^3/s$，由坝体上 1~6 号导流底孔和 2~5 号导流洞共同宣泄，上游水位 455.26m，对应水库库容约 9.5 亿 m³。

表 5-4

溪洛渡水电站施工导流程序及规划表

	导流时段	频率/%	流量/(m³/s)	挡水建筑物	导流建筑物 泄水建筑物	上游水位/m	灌浆高程/m	浇筑高程/m	备 注
截流	2007年11月	10	5160		1~5号导流洞	379.39			
初期导流	2007年11月—2011年6月	2	32000	围堰	1~6号导流洞	434.80	439.00	478.00	高程410.00m底孔平板闸门挡水
	2011年7—10月	1	34800	大坝	1~6号导流洞	440.93			
	2011年11月中旬	10	4090	大坝	2~5号导流洞	376.59			1号、6号导流洞下闸
	2011年11月—2012年6月	5	7350	大坝	2~5号导流洞	384.63	515.00	554.00	1号、6号导流洞封堵
	2012年7—10月	1	34800	大坝	2~5号导流洞	452.91			
后期导流	2012年11月中旬	10	4090	大坝	1~6号导流底孔	379.25			2~5号导流洞下闸
	2012年11月—2013年4月	5	7350	大坝	1~10号导流底孔	457.21			2~5号导流洞封堵
	2012年12月	10	2910	大坝	3号、4号、7~10号导流底孔	425.54			1号、2号、5号、6号导流底孔下闸
	2012年12月—2013年4月	5	3520	大坝	3号、4号、7~10号导流底孔	461.89			1号、2号、5号、6号导流底孔封堵
	2013年5月初	10	2340	大坝	7~10号导流底孔	465.00			3号、4号导流底孔下闸
	2013年5—6月	85		大坝	7~10号导流底孔	540.00	587.00	610.00	蓄水至6月底发电
	2013年7—10月	0.50	37600	大坝	4条泄洪洞+发电引水	587.47	610.00		
	2013年11月—2014年4月	5	7350	大坝	8个深孔+发电引水	540.00~600.00			3号、4号、7~10号导流底孔封堵

表 5-5   溪洛渡水电站施工期防洪度汛计划表

时段	设计标准	流量 /(m³/s)	挡水建筑	泄水建筑	上游水位 /m
2008 年汛前	2%全年	32000	土石围堰	①	434.80
2009 年汛前	2%全年	32000	土石围堰	①	434.80
2010 年汛前	2%全年	32000	土石围堰	①	434.80
2011 年汛前	2%全年	32000	土石围堰	①	434.80
2012 年汛前	0.5%全年	37600	坝 体	③④	452.91
2013 年汛前	0.5%全年	37600	坝 体	②③④	587.47

注 ①导流隧洞；②导流底孔；③大坝深孔；④大坝表孔。

表 5-6   溪洛渡水电站施工期大坝浇筑形象控制表

时段	坝段最低浇筑 高程/m	坝段最高浇筑 高程/m	接缝灌浆高程 /m	最大悬臂高度 /m	备注
2008 年汛前	—	—	—	—	围堰挡水
2009 年汛前	—	—	—	—	围堰挡水
2010 年汛前	—	—	—	—	围堰挡水
2011 年汛前	452.00	494.00	404.00	48	坝体挡水
2012 年汛前	548.00	554.00	467.00	39	坝体挡水
2013 年汛前	601.00	610.00	575.00	32	坝体挡水
2014 年汛前	610.00	610.00			大坝浇筑完毕

在 2012 年 7 月 18 日召开的 2～5 号导流洞下闸及封堵施工方案讨论会上，为确保 2～5 号导流洞在 2013 年 4 月底前顺利实现封堵及接缝灌浆施工，且为 4 号导流洞进口闸门启闭机拆除留有足够拆除时间（约 1 个月），会议明确，按照 9 月下旬进行 4 号导流洞进口闸门下闸作准备，待启闭机拆除完成后（约 1 个月），于 10 月下旬组织进行 2 号、3 号、5 号导流洞进口闸门下闸施工。下闸及相应流量标准参考闸门下闸水头，结合 2000—2011 年间 12 年实测水位流量资料综合分析，证明其可行，取得了较大经济效益。

2012 年 12 月上旬，1 号、2 号、5 号、6 号导流底孔下闸，下闸设计流量 $Q_{P=10\%}=2910\text{m}^3/\text{s}$，2012 年 12 月至 2013 年 4 月进行导流底孔封堵，封堵期设计流量 $Q_{P=5\%}=3520\text{m}^3/\text{s}$，由 3 号、4 号、7～10 号导流底孔宣泄，上游水位 461.89m。

2013 年 5 月初，3 号、4 号导流底孔下闸，水库开始蓄水，按 85%蓄水保证率，6 月底库水位可蓄至发电水位 540.00m，此时坝体浇筑至坝顶高程 610.00m，接缝灌浆高程 587.00m，第一批机组具备发电条件。为提高发电量，根据大坝浇筑进度，结合来水流量，制定 6 月底库水位蓄至水位 560.00m。2013 年 7—10 月，根据大坝防洪度汛标准，200 年一遇洪水流量 $Q_{P=0.5\%}=37600\text{m}^3/\text{s}$，由 4 条泄洪洞（4—14.0m×12.0m）、8 个泄洪深孔（8—6.0m×6.7m）和 7～10 号导流底孔共同宣泄，上游水位 587.47m。2013 年 11 月中旬，7～10 号导流底孔下闸，下闸设计流量 $Q_{P=10\%}=4090\text{m}^3/\text{s}$，2013 年 11 月至 2014 年 4 月进行 3 号、4 号、7～10 号导流底孔封堵，封堵期设计流量 $Q_{P=5\%}=7350\text{m}^3/\text{s}$，由 8 个泄洪深孔宣泄，根据发电要求控制上游水位在 540.00m 以上。

2013 年 10 月坝体接缝灌浆全部完成，2014 年 2 月底大坝泄洪表孔金属结构安装完成，2014 年 6 月下旬大坝工程及各泄水建筑物全部完建并投入正常运行。

5.2 水布垭面板坝施工期度汛

5.2.1 工程概况

水布垭水电站位于湖北省巴东县境内的清江中游河段，是清江干流三级开发的龙头水电站。水电站坝址上距恩施土家族苗族自治州 117km，下距清江第二梯级隔河岩水电站 92km。工程以发电为主，总装机容量 1840MW。大坝坝址两侧岸坡高俊陡峭，高差约 230m，呈不规则"V"字形河谷，水库库容 48.5 亿 m^3。

工程主要由河床中部拦河大坝、右岸引水式地下厂房、左岸开敞式溢洪道及右岸放空洞组成。拦河大坝为面板堆石坝，坝顶高程 409.00m，最大坝高 233m，坝顶长 674.66m，坝顶宽 12m，上游坝坡 1：1.4，下游平均坝坡 1：1.46。大坝主要分为ⅠA 区（黏土铺盖区）、ⅠB 区（盖重区）、ⅡA 区（垫层料区）、ⅢA 区（过渡区）、ⅢB 区（主堆石区）、ⅢC 区（次堆石区）、ⅢD 区（下游堆石区）等 7 个填筑区。

水布垭水电站工程于 2002 年正式开工，2006 年 10 月下闸蓄水，2007 年 7 月首台机组发电，2008 年竣工。

5.2.2 度汛方案及标准

（1）度汛方案。水布垭水电站工程采用围堰一次拦断河床，汛期导流洞、围堰、坝面过水的度汛方式。即枯水期围堰挡水，截流后第一个枯水期进行大坝填筑和趾板施工，汛前完成过水坝面的保护，汛期坝面和围堰、导流洞联合过流度汛，汛后在围堰的保护下继续进行坝体填筑，第二个汛期大坝填筑至具备拦洪度汛高程，由坝体挡水度汛。

（2）度汛标准。

1）围堰挡水标准。围堰挡水标准为枯水期 5％频率最大瞬时流量。选取挡水时段为 11 月至次年 4 月，最大瞬时流量 3960m^3/s，相应上游围堰堰顶高程为 223.00m，围堰高度为 28m。

上、下游过水围堰保护标准为全年 3.3％频率，最大瞬时流量 11600m^3/s。

2）大坝度汛标准。

A. 2003 年汛期坝面过水保护标准为全年 3.3％频率，最大瞬时流量 11600m^3/s。

B. 2004 年汛期坝体临时断面挡水，库容大于 1.0 亿 m^3。拦洪度汛标准大于 100 年洪水重现期，坝址 1％、0.5％、0.33％频率最大瞬时流量分别为 13700m^3/s、14900m^3/s、15500m^3/s，相应坝前水位分别为 270.20m、273.80m、277.00m，流量与水位相差均不大，根据水布垭大坝的重要性，确定 2004 年拦洪度汛标准为全年 0.5％频率，最大瞬时流量 14900m^3/s。

C. 2005 年、2006 年汛期坝体度汛标准提高到全年 0.33％频率，最大瞬时流量 15500m^3/s。

D. 2006 年 11 月导流洞下闸封堵，2007 年汛期坝体拦洪度汛标准为全年 0.2％频率，最大瞬时流量 16500m³/s。

E. 2008 年汛期坝体拦洪度汛标准为全年 0.1％频率，最大瞬时流量 20200m³/s。

水布垭混凝土面板堆石坝工程施工导流度汛标准见表 5-7。

表 5-7 水布垭混凝土面板堆石坝工程施工导流度汛标准表

挡水时段	频率 /％	最大瞬时流量 /(m³/s)	泄流方式	下泄流量 /(m³/s)	上游水位 /m
2003 年汛前	10	3960	导流洞	3960	221.93
2003 年汛期	3.3	11600	导流洞＋大坝	11600	232.60
2004 年汛前	10	3960	导流洞	3960	221.93
2004 年汛期	0.5	14900	导流洞＋放空洞	9160	273.80
2005 年汛前	10	3960	导流洞	3960	221.93
2005—2006 年	0.33	15500	导流洞＋放空洞	9930	277.00
2007 年	0.2	16500	放空洞＋溢洪道＋发电机组	14810	400.80
2008 年	0.1	20200	溢洪道＋发电机组	19300	402.20

5.2.3 度汛方式

根据施工进度安排，结合工程特点，工程施工导流度汛分为初期、中期和后期 3 个时段。

初期导流即从 2002 年 10 月底截流至 2004 年汛前，采用枯水期围堰挡水、导流洞过流，汛期坝面过水与导流洞联合泄流的方式。

中期导流为 2004 年 5 月至 2006 年 10 月导流洞下闸蓄水，坝体临时挡水断面上升到挡水高程 282.00m，放空洞具备过流条件，坝体临时断面挡水，导流洞与放空洞泄流。

后期导流自 2006 年 10 月至 2008 年大坝完建，在导流洞封堵后的第一个枯水期由放空洞泄流，之后由溢洪道和电站机组泄流。

5.2.4 施工期安全度汛

（1）各年度汛前形象要求。2003 年汛期，坝面过流。在坝面过流前，坝体除前端达到高程 200.00m 外，其余部位达到高程 208.00～211.00m，并做好过水保护措施，大坝下游的低土石围堰拆除至高程 200.00m。2004 年大坝前缘达到高程 288.00m。中、后部分别达到高程 265.00m、258.00m、236.00m，形成坝体临时断面挡水。2005 年进行坝体中后部填筑至高程 307.00m，汛前大坝一期混凝土面板浇筑至高程 278.00m。2006 年坝体填筑至高程 364.00m，汛前大坝二期混凝土面板浇筑至高程 340.00m。2007 年坝体填筑至高程 405.00m，汛前大坝三期混凝土面板全部浇筑完毕。

（2）度汛保护措施。

1）围堰过水保护。根据水布垭水电站工程导流围堰结构设计，上游为土石围堰，下游为 RCC 碾压混凝土围堰，汛期需对上游土石围堰进行过水保护处理。上游土石围堰汛期过水面采用具有强抗冲能力的混凝土面板进行保护，并设置连接钢筋，增强其整体性。

2）大坝度汛保护。根据模型试验结果，坝面最大流速为 5.43m/s，大坝过水度汛保护的重点为大坝坝面和迎水面垫层坡面，汛期大坝各部位具体度汛保护措施如下：

A. 趾板。河床区趾板高程较低，最大底流速为 2.83m/s，流速较小，汛期仅对未填筑坝体部位趾板的止水采取编织袋装砂砾石保护。

B. 垫层料及过渡料区。在设计过水流量下，高程 190.00m 前端左、中、右流速分别为 −1.62m/s（回流）、2.76m/s、4.36m/s，满足抗冲流速的块石粒径分别为 0.06m、0.17m、0.42m。对右侧垫层料采取可靠保护措施。

高程 190.00m 平台的垫层料和过渡料表面采用碾压砂浆保护，保护范围超过过渡料区延伸至主堆石区 2m，平铺碾压砂浆厚度为 10cm。垫层料上游坡面采用挤压边墙保护。

C. ⅢB、ⅢD 堆石料坝面。高程 208.00m 坝面前端的流速最大，高程 190.00～208.00m 斜坡面为迎流顶冲面，坝面前端填料的抗冲稳定至关重要，故需对高程 208.00m 前端进行重点保护。

高程 190.00～208.00m 斜坡坡面顶部 12m 范围采用钢筋石笼保护，坝面前沿 28m 范围采用钢筋石笼条状间隔保护，钢筋石笼之间填筑块石，并覆盖钢筋网与钢筋石笼的钢筋焊接成整体。坝面采用振动碾碾压密实和平整，虽然坝面大部分块石粒径小于抗冲稳定粒径要求，但考虑石料间经碾压后具有嵌固作用，再加上坝体前沿用钢筋石笼进行了锁固，经分析、试验及实践验证，坝面抗冲稳定性满足要求。

（3）度汛实施。导流度汛按照工程施工的总体规划，每一个节点目标都得到了按期或提前实现，各项施工受洪水的影响均好于预期，施工进展较为顺利，具体如下：

2001 年 3 月，导流洞开始施工，2002 年 10 月中旬具备过流条件。

2002 年 10 月 26 日主河槽截流，导流洞过流。2003 年 3 月完成围堰过水保护。

2003 年 1 月开始坝体填筑，4 月底围堰具备过流条件，坝体填筑至高程 200.00～211.00m，并完成过水保护。

2003 年 5 月上旬，坝面填筑高程为 208.00～211.00m，坝体前端填筑高程 200.00m。垫层料采用挤压边墙保护。坝体高程 200.00m 坡顶前沿 12m 采用砂浆封面保护，坝后高程 200.00～208.00m 两侧采用大块石防护，然后停工待汛。2003 年汛期，坝面与导流洞联合泄流，大坝填筑在汛期中断。但在截流后的第一个汛期，由于汛期流量没有达到设计的坝面过水度汛流量，所以围堰和坝面未过水，仅由导流洞泄洪度汛。

2004 年 5 月底，坝体临时断面填筑上升至高程 282.00m，具备挡水度汛条件，汛期坝体临时断面挡水，由导流洞和放空洞联合泄流。

2005 年、2006 年汛期大坝挡水，导流洞和放空洞联合泄流。

2006 年 10 月中旬导流洞下闸，进行永久堵头封堵施工。

2007 年汛前放空洞泄流，坝体挡水。

2007 年汛期坝体挡水，溢洪道、放空洞及水电站机组联合泄流。

2008 年坝体挡水，溢洪道与水电站机组泄流。

5.3　光照水电站土石围堰过水度汛

5.3.1　工程概况

光照水电站位于贵州省关岭、晴隆两县交界的北盘江中游，是北盘江干流梯级的骨干水电站。工程任务以发电为主，结合航运，兼顾其他。水电站属 I 等大（1）型工程，装机 4 台，总装机容量 1040MW，多年平均发电量 27.54 亿 kW·h。水库正常蓄水位 745.00m，死水位 691.00m，总库容 32.45 亿 m³，死库容 10.98 亿 m³，为不完全多年调节水库。枢纽建筑物由碾压混凝土重力坝、右岸引水系统和地面厂房等组成。碾压混凝土重力坝最大坝高 200.5m，坝顶长 410m。引水系统由岸塔式进水口、2 条引水隧洞、2 座调压井和 4 条压力管道组成。地面厂房长 146.8m，宽 28.1m，高 66.55m。

根据工程地形、地质、枢纽和施工布置特点，大坝基坑上下游围堰均按土石过水围堰设计，其中大坝基坑上下游围堰联合运行，土石过水围堰均经过多个汛期洪水考验。

5.3.2　度汛方案及标准

（1）度汛方案。由于河床狭窄，两岸较陡，北盘江洪枯流量变幅较大。若采用全年导流方案，围堰和导流洞工程规模很大，所以光照水电站采用枯期围堰挡水、隧洞导流，汛期导流洞和基坑（或缺口）联合过流的导流方案，基坑上下游围堰均采用土石过水围堰。

（2）度汛标准。工程导流建筑物为 IV 级，围堰挡水标准为枯期（11 月 6 日至次年 5 月 15 日）10 年一遇洪水，相应洪峰流最为 1120m³/s。

5.3.3　施工期安全度汛

（1）围堰布置。

1）基坑围堰地形、地质条件。光照水电站坝址为高山峡谷地貌，两岸相对高差达 400m 以上，河谷呈对称的"V"形谷，两岸地形较完整，坡角 40°～50°，岩石裸露。河流常枯水位 582.00m，水面宽 50～60m，水深 2～4m。上游围堰河床覆盖层厚 5～18m，为河床冲积砂、卵砾石混杂，透水性强。下伏岩层为三叠系下统飞仙关组薄至中厚层钙质、泥质粉砂岩。左岸岸坡有崩塌堆积块石、碎石夹黏土及坡积黏土，厚度约 4～5m，透水性强。右岸基岩出露。下游围堰河床覆盖层厚 0～15m，为河床冲积砂、卵砾石混杂，透水性强。下伏岩层为三叠系下统永宁镇组中厚层灰岩。左右岸坡基岩出露。

2）堰顶高程。导流洞在设计工况时按隧洞有压流设计，经水力学计算分析，上游围堰在 $Q_{P=10\%}$（枯期）$= 1120$m³/s 时，上游水位为 601.50m，导流洞出口水位为 586.75m，考虑安全超高，确定上游围堰堰顶高程为 602.00m。下游围堰由于大坝坝肩开挖石渣下河，导致原河床水位抬高，下游围堰的堰顶高程应在下游水位的基础上加高 2m，其堰顶高程不得低于 588.75m。因此，上下游围堰堰顶高程相差 13.25m，围堰过水时流速很大，上游围堰堰面保护困难。

经多方案比选确定下游围堰堰顶高程设为 592.00m，上游围堰过流面顶高程定为 596.50m，上游围堰设自溃堰高 5.5m，自溃堰堰顶高程 602.00m。

3）围堰结构。土石过水围堰一般由上游块石护坡、自溃堰、堰顶钢筋混凝土平台、混凝土楔形体斜坡段、堰后消能平台、堰后钢筋笼护脚、堰体土石混合料、反滤料和防渗体系组成，其中楔形体起保护下游堰面和消能作用，堰后消能平台起楔形体镇脚和堰后消能作用。

A. 自溃堰。自溃堰顶部高程 602.00m，底部高程 596.50m，顶宽 4m，高 5.5m，上下游边坡分别为 1:1、1:1.2。自溃堰上下游面采用袋装土石混合料，中部 3.0m 宽范围填筑风化土料，作为防渗心墙。

B. 上游围堰。上游围堰过水堰顶高程 596.50m，最大堰高 16.3m，顶宽 17.1m，最大底宽 121.2m，堰顶长度 141m，上下游坡度分别为 1：2.5、1：5.5。

上游围堰堰体采用高喷板墙接土工膜防渗结构。高喷板墙施工平台高程 589.00m，高喷板墙伸入基岩 0.5m，板墙结石体设计强度大于 C8。为避免施工中出现结石体连接不良，高喷板墙厚度不小 0.4m，钻孔孔距为 1.2m，最大孔深 25.97m。土工膜采用厚 0.8mm 聚乙烯复合土工膜，渗透系数小于 10^{-11} cm/s。

C. 下游围堰。下游围堰堰顶高程 592.00m，最大高度 13.3m，顶宽 15m，堰顶长度 94.5m，上下游坡度分别为 1：2.5、1：5。

（2）围堰度汛保护措施。

1）自溃围堰。设计的自溃堰具备便于堆筑、拆除和恢复，预留缺口过水后能自行溃决，堰体具有一定的防渗性能，具备低水头挡水能力等优点。为此，汛期洪水来临前，停止基坑作业，进行基坑预充水，将自溃堰扒开 1 个缺口，便于洪水到来时自行溃决，避免突然溃决引起基坑围堰破坏。

2）上游围堰。为降低上下游围堰的高差，减小堰面保护难度，采取在上游围堰堰顶增设自溃堰，并适当抬高下游围堰堰顶高程，使其分担更多的过流落差，从而有效削减了上游围堰分担的落差，降低了上游围堰度汛保护的难度。

堰顶 596.50m 平台为 1m 厚钢筋混凝土板，混凝土面板上游侧嵌入堰体 1.5m，分块长度 15m。上游面采用大块石护坡，级配碎石作为反滤料，堰体采用土石混合料；下游面斜坡段采用混凝土楔形体护面，坡度 1：5.5，楔形体尺寸 3.8m×2m×0.7m（长×宽×厚），混凝土标号 C20。楔形体设置有鼻坎，一块压一块，为加强楔形体的整体稳定性，楔形体四周设置有插筋与周边连接成整体。相邻楔形体之间采用 2 根 ϕ20mm、长 60cm 的钢筋连接。同时，每块楔形体布置 ϕ100mm 的排水孔，间排距 50cm×50cm，在孔内填小块石，以降低楔形体的扬压力。

鉴于下游围堰堰顶高程为 592.00m，为保证上游围堰的消能效果，将上游围堰堰后消能平台设在高程 590.00m 处，基坑充满水后，上游围堰堰后消能平台形成 2m 深水垫。平台采用 1m 厚钢筋混凝土面板，混凝土面板上游侧嵌入堰体 1.5m，平台顺水流向长 15m，分块长度 15m。平台下游边坡为 1：1.5，用 2m×2m×1m（长×宽×高）钢筋笼护脚，钢筋笼间采用短钢筋焊接连接成整体，钢筋笼外表面采用厚 20cm 混凝土封闭。混凝土护面板和钢筋笼与堰肩结合部位采用现浇压边混凝土衔接，以保证护面板和钢筋笼的稳定，使水流平顺归槽。

3）下游围堰。由于下游堰坡较陡，混凝土楔形体厚度为 80cm，堰后平台设在高程 585.00m 处，平台宽度 15m，堰体材料及其他结构同上游围堰。

（3）度汛实施。光照水电站于 2003 年 5 月开工建设，2004 年 10 月 22 日截流。2005 年 5 月 29 日接到通知，预测 5 月 31 日光照水电站坝址将有大洪水，随后基坑立即停止施工，并将上游围堰自溃堰扒开 1 个缺口。在围堰渗漏水的作用下，基坑逐渐充水。2005 年 6 月 1 日上游围堰首先开始过水，2005 年汛期大坝基坑土石过水围堰共过水 6 次，最大洪峰流量 3325m³/s。

2006 年汛期北盘江来水较少，现场通过加高上游围堰确保大坝汛期连续施工，围堰没有再过水。

5.4 板桥水库黏土心墙坝溃坝

5.4.1 工程概况

板桥水库位于河南省驻马店市驿城区板桥镇（初建时属泌阳县）汝河上游，以防洪为建设目标，控制流域面积 762km²，最大库容 2.44 亿 m³，最高水位 110.88m。大坝为黏土心墙，最大坝高 24.5m，坝顶高程 113.34m，全长 1700m。溢洪道在大坝右侧，宽80m，堰顶高程 110.34m，最大泄量 59m³/s；输水道全长 76.76m，洞长 54m，马蹄形断面，宽高各 3.8m，上加拱径 2.2m，最大泄量 173m³/s。水库于 1951 年 4 月开始兴建，1952 年建成拦洪，1953 年竣工。

由于初建时水文资料很少，设计标准很低，工程运行中发现大坝纵向裂缝和输水洞洞身裂缝。工程于 1956 年 2 月动工扩建加固，洪水标准按照苏联水工建筑物国家标准进行设计，设计标准为 1‰洪水频率，校核标准 0.1‰洪水频率。校核频率 3d 降雨量 530mm，洪峰流量 5083m³/s，3d 洪峰流量为 3.3 亿 m³。主体建筑物等级由原三级提高为二级，大坝裂缝挖除，重新回填，大坝加高 3m，并增设高 1.3m 的防浪墙，相应坝顶高程为116.34m，防浪墙高程为 117.64m。主溢洪道加设 4 孔 4m×10m 闸门，堰顶高程110.34m，最大泄量 450m³/s。副溢洪道在右侧，为宽 300m、堰顶高程 113.94m 的敞式渠道，最大泄量 1160m³/s；输水洞由 0.3m 钢筋混凝土衬砌，改为直径 3.2m 圆形洞，底部埋设铸铁管作为发电输水管道。水库扩建后，防洪标准达到百年一遇洪水设计，千年一遇洪水校核，最大泄洪能力为 1742m³/s，最大库容 4.92 亿 m³，其中调洪库容 3.75 亿m³。设计灌溉面积 56 万亩，发电装机 750kW，养殖水面 3 万亩。扩建工程于 1957 年 12月结束。灌区于 1958 年兴建，水电站于 1968 年修建，1956 年库区养鱼与扩建工程同时开始。

5.4.2 溃坝事故

（1）事件经过。1975 年 8 月 5—7 日，汝河上游发生历史罕见特大暴雨，暴雨中心在板桥附近的林庄一带，3 日降雨达 1605.3mm，最大 24h 降雨 1060.3mm，板桥流域内 3日洪水总量达 6.92 亿 m³，远远超过水库设计标准设计最大库容 4.92 亿 m³，设计最大泄量为 1742m³/s。

8 月 8 日零时 45 分，洪水开始漫坝，8 月 8 日 1：00，水位涨至最高水位 117.94m，防浪墙顶过水深 0.3m，河槽段大坝冲成宽 360m 一段缺口，下部冲淘至基岩，左岸台地段大坝普遍冲刷深 1m，下游坝壳全部剥掉，大坝溃决，6 亿 m³ 库水骤然倾下，最大出库瞬间流量为 7.9 万 m³/s，平均洪峰流量达 1.7 万 m³/s，在 6h 内向下游倾泻 7.01 亿 m³ 洪水。溃坝洪水进入河道后，又以平均 6m/s 的速度冲向下游，在大坝至京广铁路直线距离45km 之间形成一股水头高达 5~9m、水流宽为 12~15km 的洪流。

溃坝事件发生后，经党中央决定，对汝河下游最大的阻水工程班台闸施行爆破分洪。经武汉军区和南京军区紧急出动的舟桥部队整整两天的爆破准备工作，于 1975 年 8 月 14

日 10：00 实施了爆破，班台闸所有的闸门、胸墙、桥面和部分闸墩都腾空而起，分洪口闸门打开。之后，在溃坝发生长达半个月的时间后，洪水才缓缓退去。

（2）事故损失。本次溃坝事故中，板桥水库和石漫滩水库两座大型水库及竹沟、田岗等 58 座中小型水库几乎同时溃坝，遂平、西平、汝南、平兴、新蔡、漯河、临泉 7 个县城被水淹数米深，共 29 个县市受灾，涉及 1200 万人，死亡数万人，毁房 680 余万间，冲毁京广线铁路 100 多 km，京广线中断 18d，影响正常通车 48d，直接经济损失约为 100 亿元，被称为河南"75•8"溃坝事件。

5.4.3 事故原因分析

（1）区域连续暴雨。1975 年 7 月底，第三号台风在美国关岛附近的洋面上形成，台风形成后向西北方向移动，8 月 3 日台风穿过我国台湾中部，8 月 4 日 2：00 在福建省的龙岩登陆，然后经江西省、湖南省、湖北省、河南省，最后返回湖北消失。8 月 5 日台风雨区中心移到河南省南部，日最大雨量为 672mm。8 月 6 日暴雨强度减弱，日最大雨量仍有 514mm。8 月 7 日暴雨强度增加，日最大雨量达 1005mm。无论是 1h 的暴雨量，还是 3h 的暴雨量，无论是 6h 的暴雨量，还是 12h 的暴雨量，无论是 1d 的暴雨量，还是 3d 的暴雨量，这次暴雨都创造了大陆气象站的最高纪录。

当时最大的两个暴雨中心，正好位于淮河上游的板桥水库和石漫滩水库的上游，3d 的降雨量超过 1600mm（当地年平均降水量为 800mm），比平均 2 年时间内降的雨水还多。

（2）暴雨期间水库只蓄不放。暴雨发生之前的几个月中，河南南部降雨很少，正出现旱情，农田缺水，大部分水库蓄水位很低，不能满足灌溉和供水的需求。8 月 4 日该地区受台风影响开始降雨，各地水库纷纷开始蓄水，抬高水位，用于抗旱，这个蓄水过程持续到 8 月 7 日。由于降雨量大，水库又只蓄不放，水位上升很快。水位上升到水库正常蓄水位，继续上升到最高蓄水位，超过警戒水位，导致几十座中小型水库发生漫顶溃坝。

（3）水库设计标准低。板桥水库洪水标准是按照苏联水工建筑物国家标准进行设计，设计标准为 1‰洪水频率，校核标准 0.1‰洪水频率，校核频率对应的 3d 降雨量 530mm，洪峰流量 5083m³/s，3d 洪峰流量为 3.3 亿 m³。

水库运行期间，在 1964 年和 1972 年汛期均出现大于 6000m³/s 的大洪水，洪峰流量远超校核洪水流量。另外，水库 1956—1957 年扩建后的设计最大库容为 4.92 亿 m³，设计最大泄洪能力为 1720m³/s（含输水洞最大泄洪能力为 1742m³/s），而"75•8"溃坝事故洪水中承受的洪水总量达 7.01 亿 m³，洪峰流量达 1.7 万 m³/s，按水库规模及所处位置的高风险特征，工程设计标准明显偏低。

该工程曾分别于 1965 年和 1973 年进行了洪水复核，1973 年复核时，千年一遇入库洪峰流量（0.1‰校核洪水频率）已达 13680m³/s，据此，河南省水利厅于 1973 年建议将大坝加高 0.9m，但并未实施。

（4）闸门不能及时开启泄洪。某种意义上，水库是不能用来防洪的，当泄水建筑物的排放流量大于或等于入库的洪水流量时，水库的防洪效果为零，有时还起到雪上加霜的作用。板桥水库的溢洪道是土石大坝的最主要泄水建筑物，平时溢洪道闸门处于关闭状态，只是发生洪水时，才打开闸门泄洪，以保证水库安全度汛。

8月4日前旱情较严重，水库水位低，水库可蓄水库容大。当时为了蓄水，溢洪道闸门都处于紧闭状态，也未进行检查。且泄洪道闸门自20世纪50年代后期水库工程扩建以来，从未进行使用和检查。

由于暴雨大，入库水流量也大，而泄洪道闸门未打开，泄洪道排放量为零，因而水库水位上升很快。8月7日特大暴雨降临后，当板桥水库水位超过了警戒水位时，才决定去打开泄洪道闸门排放库水，但在最紧急关头，泄洪道闸门却打不开。泄洪道闸门因多年未检修、调试及开启运行，锈死闸门无法打开，泄洪道不能发挥泄洪作用，同时也无时间再设法打开闸门，或是用炸药炸毁泄洪道闸门泄洪，最终造成洪水冲溃了大坝，致使下游10余座水库相续溃坝，附近城镇遭受灭顶之灾。

（5）防汛应急能力不足。"75·8"事件中第一场洪水就完全破坏了水库的电力供应及通信设施，使水库与外界联系几乎中断，雨量观察已经不能起到预警作用。通信不畅，信息传递失灵使得决策部门无法做出判断并采取措施。实际上，从第一场降雨结束到溃坝事件发生之间有50多个小时，期间管理决策部门仍然有很多机会采取应急措施加大泄洪能力，避免溃坝灾难发生。同时，水库管理部门在这两天时间中，由于备灾措施不足，几乎未采取任何保证工程安全的紧急措施来避免灾害的发生。

当第一场洪水已使水库水位超过最高洪水位的特殊情况下，应该认识到区域内已发生了历史罕见洪水，至少发生了超过水库校核标准的洪水，大坝安全应该成为相关部门关注的重大问题，必须采取紧急措施，包括受影响区域的人员疏散、财产转移、大坝紧急加固或应急泄洪等。但当地从上级主管部门到普通老百姓，仍未意识到水库安全受到威胁。据资料记载，第一场洪水后，当地行政部门召开多次会议讨论区域抗洪救灾，但无人想到板桥水库的安全问题，大家都认为板桥水库安全系数高，不可能发生溃坝事故，加上信息传递不畅，最终导致大量人身伤亡的惨剧。

5.4.5 溃坝警示

1975年11月下旬至12月上旬，当时水利电力部在郑州召开了全国防汛和水库安全会议，对"75·8"事件多座水库发生溃坝进行了分析和总结教训，以警示类似工程。

（1）由于"75·8"事件前，未发生过大型水库垮坝，产生麻痹思想，认为大型水库问题不大，对大型水库的安全问题缺乏深入研究。

（2）水库安全标准和洪水计算方法存在问题，设计主要套用苏联规程，虽然作过一些改进，但未突破其体系和研究世界各国的经验，更未及时总结国内经验，做出符合国情的规定。

（3）水库管理工作存在问题，涉及水库安全的相关紧急措施，防汛指挥调度、通信联络、备用电源、警报系统和备用物资等均缺乏明确规定，导致在防汛最紧要关头，通信中断，失去联系，指挥不灵，造成极大被动。同时，由于重视蓄水，忽视防洪，板桥水库在大雨前比规定超蓄水3200万 m^3，运行时又因照顾下游错峰和保溢洪道而减泄400万 m^3，虽对垮坝不起决定作用，但减少了防洪库容，使漫坝时间提前。

（4）防汛指挥不力，垮坝前未及时分析、研究，发现问题，以便采取应急措施，减轻灾情。

（5）在水文资料缺乏的情况下进行工程设计，洪水设计成果很不可靠。板桥水库在

1972 年发生大暴雨后，管理部门和设计单位曾进行洪水复核，但未引起足够的警惕和采取相应的措施，水库实际防洪标准很低。

5.4.5 水库复建

溃坝事故后，板桥水库于 1978 年开始复建，1981 年停工缓建。1986 年板桥水库被列入国家"七五"重点工程项目，1987 年复建工程再次开工，1993 年 6 月通过国家竣工验收。

复建后的板桥水库工程是一座以防洪为主，具有灌溉、发电、水产、城市供水及旅游等综合效益的大型水利工程。水库防洪库容 4.57 亿 m^3，设计灌溉引水流量 34.5m^3/s，设计灌溉面积 45 万亩；供水流量 1.5m^3/s，年发电量 381 万 kW·h，工程概算 1.74 亿元。

复建竣工后的板桥水库，防洪标准按百年一遇设计，可能最大洪水 $Q_{max}=20000 m^3/s$ 校核，控制流域面积 768km^2，总库容 6.75 亿 m^3，兴利库容 2.56 亿 m^3，汛限水位 110.00m，兴利水位 111.50m。工程主要由挡水建筑物、输水建筑物及发电厂房、灌溉工程及城市供水取水口等组成，水库总库容比原来增加了 34%。

参 考 文 献

［1］ 全国水利水电施工技术信息网组. 水利水电工程施工手册　第5卷　施工导截流与度汛工程. 北京：中国电力出版社，2005.

［2］ 水利电力部水利水电建设总局. 水利水电工程施工组织设计手册　第一卷　施工规划. 北京：中国水利水电出版社，1996.

［3］ 苏萍，朱纯祥，等. 莲花水电站面板堆石坝的导流与度汛. 水力发电，1997，5：39-40.

［4］ 傅友堂. 天生桥一级水电站面板堆石坝度汛措施. 水利水电快报，1999，12：29-31.

［5］ 杨清清，陈新，张楠，等. 水利水电施工导流方案风险分析，四川水力发电，2011，30（3）：148-151.

［6］ 陈宗梁. 国外土石坝设计施工的几点经验. 水力发电，1980，3：59-64.

［7］ 吴云鑫. 芹山电站面板堆石坝施工期坝体过水渡汛设计. 水利水电科技进展，2002，10：55-57.

［8］ 李仕成. 河南省淇河盘石头水库工程简介. 云南水电技术，2000，12：48-53.

［9］ 周厚贵. 水布垭面板堆石坝施工技术. 北京：中国电力出版社，2011.

［10］ 王红军，刘雯. 土石过水围堰在光照水电站工程中的应用. 贵州水力发电，2010，6：13-15.

［11］ 黄金池. 板桥水库溃坝灾害的进一步反思. 中国防汛抗旱，2005，3：25-27.